THE MINDF
RUNNER

正念奔跑

运动者视角下的压力管理

〔美〕加里·达德尼（Gary Dudney）◎著

张 荣◎译

中华工商联合出版社

图书在版编目（CIP）数据

正念奔跑：运动者视角下的压力管理 /（美）加里
·达德尼著；张荣译. — 北京：中华工商联合出
版社，2023.5
书名原文：The Mindful Runner
ISBN 978-7-5158-3651-5

Ⅰ.①正… Ⅱ.①加…②张… Ⅲ.①心理压力–心
理调节–通俗读物 Ⅳ.①B842.6-49
中国国家版本馆CIP数据核字（2023）第061938号

Copyright © 2018 Meyer & Meyer Sport. All rights reserved.
First published in the English language under the title *The Mindful Runner* by Gary Dudney by Meyer & Meyer Sprot.
Chinese translation by China Industry & Commerce Associated Press Co., Ltd.
Arranged through Media Solutions Tokyo and Chengdu Teenyo Culture Communication Co., Ltd.
北京市版权局著作权合同登记号：图字01-2020-1607号

正念奔跑：运动者视角下的压力管理（The Mindful Runner）

作　　者：	〔美〕加里·达德尼（Gary Dudney）
译　　者：	张　荣
出品人：	刘　刚
责任编辑：	吴建新　林　立
封面设计：	尚彩·张合涛
责任审读：	于建廷
责任印制：	迈致红
出版发行：	中华工商联合出版社有限责任公司
印　　刷：	北京毅峰迅捷印刷有限公司
版　　次：	2023年5月第1版
印　　次：	2023年5月第1次印刷
开　　本：	710mm×1000mm　1/16
字　　数：	200千字
印　　张：	11.5
书　　号：	ISBN 978-7-5158-3651-5
定　　价：	45.00元

服务热线：010-58301130-0（前台）
销售热线：010-58301132（发行部）
　　　　　010-58302977（网络部）
　　　　　010-58302837（馆配部、新媒体部）
　　　　　010-58302813（团购部）
地址邮编：北京市西城区西环广场A座
　　　　　19-20层，100044
http://www.chgslcbs.cn
投稿热线：010-58302907（总编室）
投稿邮箱：1621239583@qq.com

工商联版图书
版权所有　侵权必究

凡本社图书出现印装质量
问题，请与印务部联系。
联系电话：010-58302915

序 言

热 身

坦桑尼亚朱马·伊坎加（Juma Ikangaa）是20世纪80年代的马拉松顶级选手。他身高160厘米，体重仅53千克，但他的内心住着一头狮子，是一位勇猛的领跑者。其他长跑运动员都知道，和伊坎加一起参加马拉松比赛，上半场绝不可能轻松。而且，伊坎加会以评论家们所说的"自杀式的速度"向终点冲去，然后再奋力冲刺，最后以他的胜出而结束比赛。

在墨尔本、东京、福冈和北京赢得世界级马拉松比赛后，伊坎加声名鹊起。他连续三次以第二名的成绩完成波士顿马拉松赛（1988—1990）。在1989年的纽约市马拉松比赛中战胜了当时的世界纪录保持者、意大利的奥运会冠军杰林多·博尔丁（Gelindo Bordin），以及前一年的纽约马拉松冠军、来自威尔士的史蒂夫·琼斯（Steve Jones）。

对于这位来自非洲大裂谷的小型炮兵少校来说，这是至高无上的胜利。他以2:08:01的成绩刷新了马拉松比赛的新纪录，从而平息了阿尔贝托·萨拉查（Alberto Salazar）以2:08:13的成绩带来的争议。自从官方确定萨拉查跑完的距离离马拉松全程还有120码后，这一纪录就一直笼罩在阴云之下。

看到伊坎加表现这么出色，身材矮小的他在世界上最具竞争力的马拉松比赛中领先于比他身材更高的对手，真是令人鼓舞，也让人难以置信。但除了这幅令人难忘的画面之外，或许同样令人难忘的是伊坎加说过的这句话：

"想要获胜的决心如果不是建立在有备而战的基础之上，就是一文不值的。"

这句话很好地说明了心智在跑步过程中的作用。伊坎加想要赢得比赛的决心唤起了跑步者们的共鸣，即他们所理解的第一次真正地加快速度或超越他们的舒适区时的感受。跑步突然变成了一种脑力锻炼，一种对意志力量的考验和对心理韧性的评判。当你跑步的时候，真正的戏剧性的东西发生在你的大脑里，而不是你的股四头肌或小腿上，尽管感受到戏剧性痛苦的是这些部位。

本书作者全身心地投入跑步的精神层面。

罗布·曼（Rob Mann） 摄

序 言

同样，心直口快的俄勒冈州运动员史蒂夫·普雷方丹（Steve Prefontaine）——一位富有攻击性的领跑者曾说过一句有名的话：

"大多数人跑步是为了看谁跑得最快。我跑步是为了看谁最有勇气。"

普雷方丹提到的勇气，指的是一种精神能力，一种鼓起勇气、决心、意志力、忍受痛苦的能力，以及达到一个人的极限奔跑能力所需要的极度坚韧的精神。

这说明，当两名跑步者在评论自己作为跑步者的成功之处时，都会激活自己的大脑。他们没有提到每周跑几英里、间歇速度训练、跑步技术、训练程序，或者最大摄氧量等这些问题。事实上，伊坎加通过谈论意志力方面的准备，拓宽了跑步的精神层面是跑步者成功的关键这一理念。精神层面的作用再次被提到了重要的位置。要跑出最佳成绩，除了身体上的准备之外，还要依赖于精神层面。

你能鼓起勇气，在黑暗中起床开始一天的第一次跑步吗？疲劳过后，你能强迫自己继续跑步吗？你能在长跑中保持耐心吗？随着里程数的累积和训练时间的推移，你有决心保持你的步伐吗？

都是精神层面的问题，难道不是吗？

有个老笑话说，跑步50%靠身体，90%靠精神。跑步者看到了这个笑话数字背后的真相，对此他们是深信不疑的。当我向人们讲述我的第一本关于跑步的著作《跑步之道：通往正念和激情的跑步之旅》（The Tao of Running: Your Journey to Mindful and Passionate Running）时，都会说："这本书是关于跑步的精神层面的。"通常情况下，跑步者听到这

3

些话后，会立刻露出认可的微笑。"这都是精神层面的，难道不是吗？"

我相信，他们指的是当跑步变得异常困难时，所出现的明显的思想斗争。试想，你正处在创造新的10英里个人纪录的最后一英里，你执着地迈开步伐冲向成功，到达了最后一座山。你已经付出了最大的努力。你体内的每一块肌肉和纤维都在向你发出信号，让你慢下来，停止运动，但你没有。你鼓励自己继续下去，你的意志力战胜了一切。你继续前进，保持你的步伐，甚至加速前进。很明显，这是精神战胜了物质。

正念（Mindfulness）

我在《跑步之道》中详细阐述的一点是，跑步是一种与正念的自然契合。事实上，我相信很多跑步者在没有意识到的情况下就进入了一种自然的正念状态。正念可以简单地定义为一种对当下的专注和接受。通过完全专注于目前所从事的活动，你可以非常直接地体验到关于该活动的所有印象、感觉、想法和感受，而不会受到当天早些时候让你担忧的问题或明天关注的事务的干扰。你只需试着去关注当下。

正念的接受部分包括当你试图专注于当下时，头脑中依然存在的对过去或未来产生的想法和担忧。你想要承认这些想法，但又不想执着于它们。举例来说，当你把注意力集中于正在做的事情上时，便不再对你和同事之间的问题进行情感上的纠缠。一旦你接受了这个想法，就会继续前进。

暂时从对过去和未来的担忧中解脱出来，摆脱情绪的过山车，从一个问题转向另一个问题，这通常是我们思维的特征。然后，以一种不寻常的专注和深度体验当下。这样做的结果是压力减轻了，你也更加欣赏正在做的事情，而满足感和幸福感也随之增强。

现在，将这一动态的机制应用到跑步当中。跑步提供了一种专注于当下的非常丰富的感觉和印象。你可以看到、听到、闻到、感觉到整个身边的世界，你身体的所有感觉都来自于跑步的过程。工作上的杂念会显得格格不入。你可以很容易地捕捉到这种想法并超越它。你越是沉浸在当下，沉浸在跑步的美妙感受当中，跑步就越能让你从一天的困难中解脱出来。

同样，在跑步、正念和冥想之间也有很多共享的空间。它们都把你从日常的压力中解放出来，让你以某种方式专注于此时此地。例如，一个经典的冥想技巧就是专注于你的呼吸。在跑步或练习正念时，你完全可以做到这一点。所有这三种实践的有相似的结果：压力减少，对生活的欣赏更专注，自我满足和自尊更充分。

跑步对你生活的影响当然是积极有益的。但是，让我们把关于跑步和思维之间关系的讨论再拓宽一些。如果你正在读这本书，很可能已经发现跑步对你的帮助似乎比仅仅提供一点锻炼要多得多。跑步为设定和实现目标提供了一个非常令人满意的框架。跑步有它的社会维度，人们通过跑步认识并很快成为朋友。跑步有助于健康，它实际上也是老年人永葆青春的源泉。在很多情况下，跑步改变了人们的生活，帮助他们戒除毒瘾，克服抑郁情绪，或从其他严重的健康或情感问题中恢复过来。

生活质量

让我们再引两个例子。一个是卡拉·古彻（Kara Goucher），她曾两次参加奥运会长跑项目，在世界锦标赛上获得10000米银牌，并在波士顿马拉松比赛中取得了优异的成绩。她说："跑步的意义就是：最伟大的跑步很少用比赛的成功来衡量，而是通过跑步，让你看到自己的生活是多么美好。"另一个是著名的医生和跑步哲学家乔治·希恩（George Sheehan），他说："对跑步的痴迷实际上是对越来越多的生命潜力的痴迷。"在这些名言中，我们跑步的智者们似乎把跑步的好处提升到了一个全新的水平。他们把跑步和生活质量联系在了一起。

关键是，当跑步得到适当的体验、充分的探索和深层次欣赏的时候，它能让你完全拥抱生活，并充分地享受它。至少，我是这么认为的。

《正念奔跑》旨在为你提供很多思考跑步的方法。理想的情况是：

你会学到如何享受跑步；

在困境中看到幽默；

专注于跑步的过程，而不是终点；

处理好跑步过程中遇到的痛苦；

不管比赛有多艰难，任何情况下都坚持到终点；

处理好伤病和挫折。

成为一名正念奔跑者，无论在什么情况下跑步，都要意识到精神力量所起的作用。

序 言

　　这本书是独立的，但是如果你想对心灵和跑步有更全面的探讨，建议读一读我的第一本书《跑步之道》。这两本书大都以故事的形式来阐明我想要阐述的关于跑步心理方面的观点。我希望这些故事读起来能够让你们感兴趣。当你读到我所描述的跑步情况时，想想自己类似的情况。想想你的头脑中会想些什么，你会有什么样的态度，你会用什么样的心理策略来应对特定的情况。从本质上讲，我的故事是为你自己关于跑步的思考提供了切入点；这些故事是找到你内心焦点的途径。我希望让你自己成为一个正念奔跑者，不仅仅是在跑步的时候练习正念，而且还要意识到意识所起的作用。

　　我的第一本书《跑步之道》探讨了很多跑步与不同哲学思想之间的联系，如世俗佛教、存在主义、道教等，同时关注跑步过程中思想在实践的角度所起的作用，如保持积极、设定和实现目标、保持放松、使用正念来处理疼痛等。书中的许多故事都来自于越野跑步和极限长跑。

　　《正念奔跑》则从马拉松、越野跑、短距离赛跑（如5英里和10英里）以及一般的跑步当中受益良多。重点更加在于，跑步的时候，你的大脑是如何工作的，以及什么样的心态和心理策略能帮助你成功地完成跑步，并在每次跑步中得到最大的收获。

　　所以，我欢迎你来到这个正念跑步的世界。在此，还有一些值得引用的话，我认为在你阅读本书的时候会用得到。其中之一是埃莉诺·罗斯福（Eleanor Roosevelt）写过的话："你必须做你认为自己做不到的事情。"最后是一句无名氏的话："任何一个白痴都能跑，但跑马拉松需要特殊的白痴。"

目 录
CONTENTS

第一章　跑步确实很糟糕　/1

第二章　意志力的作用　/9

第三章　得与失　/19

第四章　设定一个小目标　/31

第五章　托帕托帕断崖之夜　/42

第六章　只有克服困难，才能到达星空　/55

第七章　慢跑俱乐部　/63

第八章　没有谁是一座孤岛　/75

第九章　为自己而跑　/87

第十章　尽我所能，与逆风相抗　/96

第十一章　末世四骑手　/106

第十二章　哟，我知道你就在那里　/117

第十三章　做自己的小狗　/125

第十四章　草原上的跑步者　/137

第十五章　曾几何时　/148

第十六章　24小时心态调整　/159

后记　跑步也是项放松运动　/170

写在后面的话　/172

第一章　跑步确实很糟糕

说真的，除非你是猎豹、西伯利亚哈士奇或瞪羚，否则你第一次认真跑步的尝试可能不会成功。跑步最终会给你带来回报，但很可能你不会一帆风顺地到达目标。你身体会感到酸痛，痛苦不知从何而来，你会感到没有任何的进展。

不要气馁。开局不顺是很常见的。不过，救援人员已经在路上了。让我们讨论一个简单的心理策略，你可以随时随地应用到跑步当中。你可以用它来保护自己免受消极思想的影响。它并不是什么新法子。恰恰相反，它是一种古老而神圣的美德，但我们将把它专门用于跑步当中。

它就是耐心。

我对耐心的一个定义是："……建立一种和平稳定与和谐的感觉，而不是冲突、敌意或对抗。"或者说是要有一个跑步的目标。谁不想"和平稳定与和谐"地跑步，谁愿意感受"冲突、敌意或对抗"呢？我只希望在第一次跑步的时候，能经历一点点的和平稳定与和谐。但恰恰相反，我开始认真跑步时表现出来的特点是缺乏耐心。结果，我得出的结论是跑步确实很糟糕。

越野跑的失败

1967年8月，我在堪萨斯州威奇托市（Wichita Kansas）上东南高中的第一天真是可怕极了。那是一所很大的学校，比我以前去过的任何学校都要大得多。很快，我就找不到自己的第一节课在哪儿，结果只能到校长办公室等秘书来帮我。每次我们更换教室的时候，走廊一片混乱。一些高年级学生看起来就像是成年男女，他们都是怪物。然而，我还是设法找到了放学后为那些对越野队感兴趣的同学召开会议的通知。

我对越野跑一窍不通。我长这么大从来没有认真地跑过步，但我觉得我需要出去运动一下。还有一点就是能换取一件印有字母的外套，我想要变得酷一点，并且受别人欢迎，这样的外套是必须的。秋季能参见的运动只有两项：越野跑和足球。我先稍微考虑了一下足球。我的速度很快，也有自信。我想我可以成为一名很好的前锋，但我个子不高。然后我想象有个人把我压扁了，这让我一下子打消了踢足球的念头。

另一方面，跑步似乎并没有那么麻烦。谁不会跑步？跑步能有多难？而且我觉得自己是个不错的运动员。我参加过一些少年棒球联赛，成绩还不错。不久前，在我初中的最后一年，学校举办了一场校内小型

寻找和平稳定与和谐的感觉。

体育比赛。羽毛球就是其中的一项。我小时候经常打羽毛球,所以我就去报了名,在经过羽毛球架的时候,我有一种收割麦子的感觉。一名学校的篮球明星在决赛中与我对决。他块头大,所以我的策略是一遍又一遍地把羽毛球打到他的胸口。篮球教练笑了,他看到我这个小家伙彻底把他最好的球员给打懵了。我想,在越野跑中,我也能获得同样的成功。

放学后,大约有10~15个人参加了会议,我们都紧张地互相打量着对方。我们等了一会儿之后,门打开了,查尔顿·赫斯顿(Charlton Heston)走了进来。哦,不是查尔顿·赫斯顿,是查尔斯·"查克"·哈特(Charles "Chuck" Hatter),但他和演员查尔顿·赫斯顿长得简直一模一样。哈特教练身材高大,有着和查尔顿·赫斯顿一样的沙质头发、突出的前额、结实的下巴、鼻子和眼睛。这种相似性真是不可思议。我在网上找到了一些查尔顿·赫斯顿的照片,来验证我的记忆。果然,其中一张和我东南高中毕业纪念册上的哈特教练的照片非常匹配。

哈特教练和赫斯顿有着同样的指挥能力,无论是当教练(越野、游泳和跳水),还是担任化学老师,都是如此。当宾虚(Ben Hur)[①]告诉你要多游几圈的时候,你就去游。当宾虚告诉你要配平一个化学方程式时,你就去配平……没有"如果""和"或"但是"。

作为为自己的越野队招募新队员的哈特教练,他的方法很奇怪。"越野不是一项有趣的运动。"这是他的第一句话。"除非,"他接着说,"你觉得在高尔夫球场上跑上跑下很有趣。"这几乎就是他要传递的全部信息。"训练很艰难,你是不会喜欢的。"他在劝我们不要参加这个队。

第二天放学后,我义无反顾地参加了第一次训练。我们穿上平时的运动服,第一次看到了队里的三年级和四年级学生。他们穿着印有学校

---

① 宾虚(Ben Hur)是电影《宾虚》的主人公,改编自卢·华莱士的同名长篇小说。该片获1960年第32届奥斯卡金像奖最佳影片、最佳导演等奖项。在该部影片当中,查尔顿·赫斯顿主演宾虚。——译者注

标志的运动衫。他们沉默寡言，面无笑容。没有人摔毛巾或者胡闹。这不是一场盛大的聚会。

哈特教练带着一个剪贴板走过来，记下了每个人的名字。然后他告诉我们跟着三年级和四年级的学生跑，我们要跑到学院山公园（College Hill Park）。听到这个消息我吃了一惊，因为学院山公园离这里很远，大概有两英里远！

我们以轻松的慢跑出发，沿着一条巧妙的路线穿过威奇托的后街，尽可能少地穿过主干道，一路上大部分时间脚下都踩着青草。老队员们保持着一个合理的速度，所以我设法跟上了后面跑的那群二年级学生的步伐。到达学院山，是我长这么大连续跑的最长的一段路。我庆幸自己完成了第一次越野训练。

我们到达的时候，哈特教练从车里爬了出来。我希望得到某种对我们成就的肯定，然后可能得到指示，步行回学校，或者登上一辆等在那里的大巴车送我们回去。可是相反，他指着一条沿着公园边缘的小路，拿出秒表，告诉我们沿着小路"绕圈跑"。

"准备好了吗？"他说道，"跑！"这一次，老队员们撒腿就跑，一转眼就不见了。很明显，我们应该绕着公园跑一英里。还没跑到一半，我这台跑步机就完全失灵了。我陷入了痛苦的状态，双腿就像胶合剂。我身侧的刺痛感，好像要把我撕成两半。肺部也在疼痛，好像吸不到氧气，脑袋也因过度劳累而歪向一边。一圈跑完之后，我和其他二年级学生一起倒在草地上。

"两分钟后再跑一圈。"哈特看着秒表说道，他平静的举止和我头脑中惊慌失措的喧嚣形成了鲜明的对比。"跑！"他说道。我们又跑了三圈，每圈之间只有短暂的休息。虽然我做到了，但最后一圈简直就是步履艰难地走下来的。最后，训练以两英里的"缓和运动"跑回学校而告终。

一回到家，我就倒在了沙发上。"你怎么了？"妈妈问道。

"越野跑步了。"我说道。

"晚饭马上就好。"

"我要睡觉了。"

第二天早上醒来时，我感到了一种类似于卡夫卡（Kafka）小说《变形记》（*The Metamorphosis*）中的格里高尔·萨姆沙（Gregor Samsa）的感觉，他醒来时发现自己变成了一只巨大的蟑螂。我富有弹性、灵敏而又舒适的身体已经变成了一个陌生的东西。我几乎坐不起来，腿像木板一样僵硬，摸起来很痛。最轻微的运动都会引起剧烈的灼痛感。我以一种弗兰肯斯坦式的滑稽模仿的样子，东碰西撞地走向浴室。后来，当我意识到需要想个办法下楼梯的时候，身体僵在了楼梯顶上。

吃早餐的时候，想到这是在新学校的第二天，我确信自己已经完成了越野跑。当然，随着时间的推移，四处走动之后，我的身体逐渐恢复了正常的功能，这时我开始犹豫了。我觉得跑步并没有什么好处，这迫使我重新考虑自己的决定，但这样就不得不面对查尔顿·赫斯顿，并告诉他我退出了，这是非常糟糕的事情。另外还要面对其他的队员。我不想自己看起来像个胆小鬼。

那天结束的时候，怕当"胆小鬼"的想法占了上风，我又回到了哈特教练的手中，开始了第二次训练。他向我们介绍了我以前从未听说过的方法：间歇式训练。一开始，我很高兴得知不是跑到学院山公园，而是在学校的跑道上训练。没有长时间的往返于公园之间的跑步，也没有绕着公园的英里跑，这有何难？

我们做了1/4英里的重复练习，也就是说，在赛道上以比赛的速度跑一圈，然后休息或步行半圈，接着立即以比赛的速度再跑一圈，然后休息或步行。我们循环做了8个1/4英里的练习之后，改为以半英里为单位进行重复训练。

在休息或步行之后回到每一次重复的起点是令人兴奋的。我确信我已经做完了,再跑一步都不行了,然而又不得不进入下一个重复,重新加快速度,然后在那个可怕的空间里坚持着自己的步伐,看着跑道由弯变直,再由直变弯。每隔一段距离的最后几次重复纯粹是一种折磨。第二天训练的总里程和前一天一样,只是跑的速度比前一天快得多。那天下午晚些时候,我拖着沉重的脚步回家,在我的记忆里,再也没有比当时更糟糕的感觉了。

现在回头想想我的越野赛经历,可以看出无论我有什么样的运动背景,在身体上这都将是一个艰难的过程。你不可能一开始投入到那种困难的跑步项目中而不去挣扎。而在心理上,我完全没有准备。我没有任何办法来避免消极的想法,也不知道如何应对艰苦的跑步带来的不适。

要有耐心

正如我在这一章开头所说的,跑步一开始感觉并不好,很多人很快就泄气了。即使在其他方面来讲你的身体情况很好,在你开始跑步的时候,也会感觉到整个身体都在反抗,就像我第一次环绕学院山公园时的感觉。每一个人都要经历让身体适应跑步要求的过程。这个过程需要时间。你会感到浑身疼痛,并得出你不适合跑步的结论,认为你的膝盖或者脚踝太软。但是,如果你不能有规律地坚持6~8周的跑步,你的身体就没有时间去调整。你也不会真正体验到作为一个更有效率的跑步者是什么感觉。

以耐心为特征的心理机制就是这样发挥作用的。

刚开始的时候,你需要有耐心,坚持几周,每天或每两天都出门,即使跑步的好处和任何进步的迹象可能都没有出现。在堪萨斯大学(the University of Kansas)读研究生时,我休息了很长一段时间之后,又重新开始了跑步。当时正值隆冬季节，唯一适合跑步的地点就是校园巨大的运动场室内的跑道上。

　　一连3个星期的时间里，我每隔一个晚上就去那里跑两英里，也就是赛道的16圈。跑完两英里之后，我就会精疲力竭，再多一步都跑不了了。记得锻炼完之后背靠着墙坐着，看着两位老教授在跑道上一圈又一圈地跑。我到那里的时候，他们一直在跑；我锻炼的时候，他们一直在跑；现在我准备离开的时候，他们还在跑。我想知道他们的秘密是什么。我觉得自己永远也过不了两英里的大关。

　　但是，就在我下一次去跑步的时候，也就是第四周第一次去锻炼的时候，我冲破了两英里的大关，让我惊讶的是，我的感觉非常好。我又继续跑了两英里，也就是16圈，才停了下来。实际上，我还可以跑得更多。付出一点点耐心，坚持自己的计划，让我得到了回报。

　　耐心可以应用到你跑步的许多方面。例如，长跑需要耐心。你要避

可能还有很长的路，你可能感到非常疲倦。这时候需要的是耐心。

罗布·曼　摄

免的跑步者在诸如长距离跑、半程马拉松或马拉松时犯的最大的错误，就是操之过急。经过几个月的艰苦训练后，你最不想做的事情就是慢慢开始。不过，即使你可能觉得自己像发射火箭一样快，但在开始的时候保持一个适度的、可持续的步伐，才是正确的选择。

你随时可用的能量储备一旦消耗完，开始感到疲劳、酸痛和虚弱的时候，就需要有耐心坚持下去。通常，在这种情况下一个典型的反应就是加快速度，"把它做完"，但是，除非你马上要到终点了，否则这种做法是行不通的。放松，告诉自己要有耐心，把你的感觉当成是正常的，只是跑步过程的一部分，这会让你更好地保持速度。

即使在绝望的情况下，比如我在越野训练中做一英里的重复训练时，有意识地保持耐心也会有所帮助。你无法消除疼痛和紧张，但你可以更好地去应对。专注于接受现状，在你面对它的过程中保持耐心，这样就能取代你原本满脑子的恐慌、恐惧和自我怀疑。用积极的思想驱逐消极的思想。它能让你控制对压力的反应。

所以，如果你是第一次跑步，或者在长时间的休息后重新开始跑步，一定要保持耐心。当你不愿意换上运动服出门的时候，当你在跑步中挣扎却没有任何进展的时候，或者当你努力克服最初的身体疼痛的时候，有意识地将耐心二字记在脑海里，把它当作真言，引导你的思想从消极的事情回到积极的事情上。

如果你已经是一个有经验的跑步者，注意你在每一次跑步时是很有耐心还是缺乏耐心。你可能会尝试在一系列的重复中完成最后的几个间隔性训练，或者到达一段漫长攀登的顶峰；你可能很难在马拉松比赛中保持20英里的速度，或者在10英里赛中的最后一英里很难保持你个人记录的速度；你可能想完成一次漫长的周末跑。在这些情况下，你的身体会要求放慢速度。让你的大脑中保持对耐心的需求，你就能更好地坚持努力，直到完成你的跑步任务。

第二章　意志力的作用

在1964年的美国，跑步不是什么大事。直到8年之后，美国运动员弗兰克·肖特（Frank Shorter）在1972年慕尼黑奥运会上赢得了马拉松比赛的胜利，回国之后激起了人们的极大兴趣，"跑步热潮"才开始出现。又过了5年，吉姆·菲克斯（Jim Fixx）才出版了他那本轰动一时的畅销书《跑步大全》（The Complete Book of Running），并从本质上证实和普及了简单地走出去，沿着街道跑步的想法。

在菲克斯那个年代，跑步还是一个陌生的概念，以至于在他的著作中，第一件事就是提出这样一个命题：跑步实际上对你有好处，不会让你住院，也不会让你丧命。他不得不引用一些数据来证明，尤其是女性，在不损害她们的健康和生育机会的情况下也可以参加跑步。菲克斯意识到，穿着短裤和T恤在外面跑步的人仍然很少见，所以他建议，如果你在公共场合怕被人看到后感到尴尬，你可以选择在客厅里原地跑步。

当然，到1964年，波士顿马拉松已经存在了近70年，被广泛认为是世界上最古老的年度马拉松比赛。尽管如此，在其历史的大部分时间里，该比赛更多的是一种地方性的事件，而不是像今天一样是全球性的赛事。大家免费入场，获胜者的奖品是一个用橄榄枝编成的简单花环。直到20世纪80年代才有企业赞助商加入。直到1972年，官方才允许女性参加比赛。凯瑟琳·斯威策（Katherine Switzer）在她的比赛申请中忽略了一个事实，那就是她是一名女性，并在1967年以官方提供的号码完成

加州著名的"迪普西小道（Dipsea trail）"的标志。

了比赛，但是，并非没有赛事官员试图让她退出比赛。

忘记20世纪60年代的越野跑吧。小径显然是用来远足的，不是用来跑步的。匆忙地在小路上经过难道不会破坏我们与大自然亲密接触的目的吗？甚至当菲克斯开始宣传公路跑步的好处时，他也无法想象将这种练习扩展到小路上。他认为走小路太危险了，因为你可能会被路上的石头和树枝绊倒。从1905年起，就有一些怪人在旧金山以北的马林县的小路上进行一场名为"迪普西"（Dipsea）的赛跑，这证明了加利福尼亚人失去了理智。大面积的越野跑直到20世纪80年代才开始流行。

詹姆斯·罗纳德·赖恩（James Ronald Ryun）

可以说，1964年美国各地对跑步的兴趣几乎为零，只有中西部一个相对较小的城市，那里的人们突然对跑步疯狂了。这个地方就是堪萨斯州（Kansas）的威奇托。在那里，似乎每个人和他们的大叔都跟着跑。

第二章 意志力的作用

人们开始"发烧"。所有这些兴趣都源于詹姆斯·罗纳德·赖恩,更广为人知的名字是吉姆·赖恩(Jim Ryun)。

历史在前进,这些年来有很多跑步英雄来了又去了。但很难夸口吉姆·赖恩在他那个时代是多么了不起的跑步运动员。他突破性的表现是在1964年6月5日那一天,那时他还是一名高中三年级的学生。全国各地的田径比赛组织者都注意到,赖恩1英里的成绩越来越接近4分钟。久负盛名的康普顿学院田径邀请赛(Compton Invitational Track and Field Meet)把赖恩吸引到了南加利福尼亚州,他参加了一群顶尖的大学跑步运动员和前奥运选手的比赛,其中很多人在1英里的比赛中多次跑出过不到4分钟的成绩。

赖恩一开始跑得很快,第一圈就追平了第二名,但随后在进入下一个弯道时被撞了一下,跌跌撞撞地离开了赛道。他很快回到了比赛中,但却与第一名失之交臂。他最终与其他选手并驾齐驱,其中8名选手在距离第八名仅1.6秒的时候冲过了终点线。第八名是吉姆·赖恩,成绩是3分59秒。在一场比赛中,8名选手都在4分钟内跑完了1英里,这是历史性的。但赖恩完成了一件更特别的事情,他成为第一个在4分钟之内跑完1英里的中学生。

半个世纪后的今天,在康普顿,只有其他4名高中生进入了4分钟跑完1英里的运动员之列。赖恩的成就与众不同,因为他是这些运动员当中年纪最小的一位,也是唯一一个在高中三年级就完成了这一壮举的人。在高中生涯中,他重复了5次这样的壮举,比其他人多两倍。

赖恩的名字在威奇托变得家喻户晓。我在威奇托市长大,只比赖恩小4岁。赖恩是我们本地人的孩子,他身体瘦长,为人谦虚,有着基督教背景,在全国舞台上留下了自己的印记。他参加的主要赛事是1英里跑,但并没有什么影响。1964年,1英里跑是田径运动中的标志性距离。很久以后,才将以前所有以码(yard)为单位的距离转换为世界其他地区和奥运会所用的米。此外，罗格·本斯特（Roger Bannister）在20世纪50年代戏剧性地追求在1英里比赛中打破4分钟的成绩，这仍然是跑道的时代精神的一部分，所以赖恩的成就正好符合1英里赛跑的传奇故事。

最终，赖恩在读高中的最后一年将全国中学1英里跑的记录刷新到3分55秒。这项纪录保持了36年，直到2001年才被艾伦·韦伯（Alan Webb）超越。想象一下，如果你是赖恩曾经就读的中学田径队的一名队员，你会很好奇如何才能有机会保持学校的记录。1964年，年仅17岁的赖恩进入美国奥运代表队。作为一名高中生，他被《田径新闻》（Track & Field News）评为世界排名第四的1英里跑运动员。ESPN网站最近称吉姆·赖恩为"有史以来最优秀的高中生运动员"。

作为堪萨斯大学的大学生运动员，赖恩开始打破世界纪录。19岁时，他保持了1英里（3分51.3秒）和半英里（1分44.9秒）的世界纪录。最后，他还保持了室内半英里、室内1英里和1500米的世界纪录，并将室外1英里的世界纪录降低到3分51.1秒，这一纪录保持了8年。

威奇托对她的这位土生土长的儿子感到无比自豪。赖恩以他非凡的最后"冲刺力"而闻名。一场接一场的比赛，他似乎在最后一圈的时候落后了很多，然后他会突然释放出一种难以置信的动力去完成比赛，会击败彼得·斯内尔（Peter Snell）和基普·凯诺（Kip Keino）这样的传奇运动员，并创造新的纪录。但有一个奖项从他的指缝间溜走了，我还记得当时弥漫在整个威奇托的那种极度失望的气氛。

金牌争夺战

1968年，夏季奥运会在墨西哥城举行。当时赖恩正处于事业的巅峰。他是1英里和1500米的世界纪录保持者。在堪萨斯州的威奇托，几

第二章 意志力的作用

乎所有人都会预见到赖恩将拿着奥运金牌回家。当时很多人在谈论墨西哥城的高海拔问题，以及它对赖恩的影响。不过赖恩一直在进行高海拔训练，而且已经做好了准备。再说吉姆·赖恩，他总是跑在前面，他是世界冠军，已经连续3年在1英里和1500米比赛中立于不败之地，包括击败了他在墨西哥城的主要对手肯尼亚的基普·凯诺。

在1500米决赛中，穿着与众不同的300号球衣的吉姆·赖恩站在他通常的最佳位置，也就是内外跑道的中间。枪声响起，基普·凯诺的肯尼亚队友冲在前面，以55秒的惊人成绩完成了第一圈。在第一圈快结束时，凯诺上升到第三名。赖恩则坚持着他一贯的策略，紧跟在后面，在前几圈等待时机，依靠他著名的冲刺能力在最后一圈缩小差距。还剩两圈的时候，凯诺冲到了前面。赖恩终于开始行动了，但是最后一圈开始的时候，凯诺领先了他很多。在倒数第二弯道和终点的前一个直道上，赖恩加快了速度，在很短的时间内，他似乎迅速缩小了与凯诺的差距。

在赖恩开始追上第三名和第二名的两位西德选手时，我在脑海中清楚地看到接下来会发生什么：在进入最后一个弯道时，赖恩将会超过两位德国选手，在弯道转身的过程中，将会缩小与凯诺的差距。在冲向终点的直道，赖恩将加快速度。凯诺将开始落在后面，就像我一次又一次目睹过的那样，强大的赖恩将以他著名的冲刺方式，用他高大的身躯，以10米的优势甩开那位肯尼亚的选手，轻轻地摆着头冲过终点，为他自己，为威奇托和子孙后代，赢得这枚金牌。

但事实并非如此。最后一个弯道，赖恩确实超过了德国选手，但在进入弯道时，你几乎可以看到，赖恩的步伐出现了问题，变得有些摇晃。其中一位德国选手甚至拉回了和他的距离，和他并肩而行，赖恩不得不加倍努力来甩开他。与此同时，自从领先以来，凯诺一直以世界纪录的速度自信地大步向前跑，根本就不在乎可怕的高海拔。

在最后的弯道上，凯诺并没有落后，而是保持了同样的速度，并且以这样的速度进入了最后的直道，当赖恩跑完弯道的时候，金牌之争已经毫无悬念地结束了。两人之间的差距是巨大的，凯诺全速前进，愉快地冲过终点线。赖恩以落后凯诺3秒的成绩获得银牌。我简直不敢相信眼前发生的一切。我感到胃里很不舒服，好像有一块大石头卡在那里。整个城市都将感到失望。事实上，许多体育记者和普通民众都在猜测他可能在战术上失败了，让凯诺领先了太多。

赖恩后来解释说，他比赛的目标是3:39，他觉得这个时间足够赢得比赛了。实际上，他在比赛当天的表现超出了预期，比他的目标时间少了一秒多一点，而且他认为这是自己表现最好的一场比赛。但他无法控制的是，基普乔盖·赫齐卡亚·凯诺在那天表现非凡，跑出了非常卓越的成绩。在接下来的16年里，凯诺在墨西哥城创造的1500米奥运纪录一直保持了下来。这是一场精彩的表演，即使是在赖恩表现最好的阶段，也很难与之匹敌。

尽管如此，赖恩还年轻，还有机会夺得奥运会金牌。在西德慕尼黑奥运会之前，赖恩进行了他一生中最艰苦的几周训练。他刚刚跑出了1英里跑历史上排名第三的成绩。他又一次被看好能赢得1500米金牌。但在排位赛的第一轮，就遭受了沉痛的一击。

在接近最后一圈的时候，赖恩被其他的运动员挡住了。当他跑到外圈准备最后一圈的冲刺时，他和另一位选手发生了冲突。他被绊了一下，摔倒在地，头重重地撞在跑道的边沿上。他迷迷糊糊地在地上仰面躺了几秒钟，然后才站了起来，去完成比赛。人群为他欢呼，但他对金牌的争夺在他摔倒的那一刻就结束了。国际奥委会承认其他运动员对赖恩犯了规，但当时的规则不允许他重新参加比赛。富有讽刺意味的是，4年之后，比赛规则改变了，可以申诉了。

慕尼黑之于赖恩和奥运会意义重大。那时赖恩25岁，已经结婚并成为人父，无法继续平衡他在这项运动中的业余身份。巧合的是，就在赖

第二章 意志力的作用

恩1972年放弃业余田径生涯的那一年，弗兰克·肖特在慕尼黑赢得了马拉松比赛，并在国内掀起了跑步热潮。赖恩退出舞台的时候，这个舞台正被转移到室外，并扩大到了整个国家。

吉姆·赖恩在跑步方面的事业是如何开始的呢？当他在婴儿床里到处跑的时候，就被认为是跑步神童吗？初中的体育课上，在绕着操场跑道跑步的时候，他让自己的体育老师感到惊讶了吗？出于对他早期跑步经历的好奇，我找到了他的一次演讲。他在2013年1月26日于南加州圣安东尼奥山学院LA84基金会高级田径诊所（LA84 Foundation Advanced Track & Field Clinic at Mt. San Antonio College）的一次演讲中描述了他第一次接触跑步的经历。

这些听起来熟悉吗？他在一所规模很大的新学校开始读高二的时候，没有任何有组织地参加过跑步的训练。他四处寻找一项运动，希望能挣到一件带字母的夹克。到了秋季，学校只有足球和越野项目，在和足球进行比较之后，他决定参加越野项目，但他对这个项目一无所知。第一次锻炼时，他震惊地发现，第一个任务是跑到一英里多远的学院山公园。他一生中从未跑过1/4英里。第一天的越野训练对他来说就像一场灾难，一回家便倒头就睡，第二天醒来身体就像块木板一样僵硬。他很难爬过楼梯去吃早饭。他告诉母亲再也不参加越野跑了，但随后又改变了主意。结果，第二天他又继续加入训练队伍。最终，成为有史以来最伟大的赛跑运动员之一。

所以，除了最后的结果，我和赖恩在第一次接触跑步的时候有着非常相似的经历。我们两个学校甚至使用同一个城市公园作为越野赛的场地。我后来去了东南部，但实际上我是在赖恩上学的威奇托东部高中的那个地区长大的。

意志力

我们在越野赛的起点惊人的相似，但结果却大相径庭。同时，我认为从我们俩人的经历当中，可以得出与跑步的"意志力"有关的教训。就意志力而言，吉姆·赖恩有，而我却没有。赖恩最终证明了意志力可以为跑步者带来什么，而我将通过自己的经历证明如果你缺乏意志力，将会是什么样的结果。

从东部高中第一次令人沮丧的越野训练，到赖恩打破4分钟1英里的成绩并进入美国奥运代表队，只有不到两年的时间。想一想赖恩实现这一目标的意志力和动力。他从一开始满怀激情地投入艰苦的训练，并能够忍受最折磨人的日常锻炼。从高中开始，一直到大学毕业，他以高强度、间歇训练和每天两次的训练安排而闻名。例如，吉姆·赖恩的间隔训练可能包括40次1/4英里的重复跑。对他来说，每周90英里的训练可能包括70英里的间歇训练，而且都是快速完成的。他的长距离跑几乎完全是他们当时所谓的"巡航（cruise）"跑，即今天我们所称的"快长跑（tempo runs）"，也就是说，他的长距离跑一直以接近比赛的速度进行。

我们都经历过这样的情况，跑步的时间到了，但我们就是不愿意穿好衣服开始跑步。有一种惯性阻碍着我们，尤其是如果计划做一次艰苦的锻炼。我们能不能忽略它，等到明天再做？想象一下，当赖恩从床上爬起来的时候，几乎每天都要面对两次艰苦的训练。他就像我们遇到的情况一样，需要意志力来迈出第一步。

赖恩在训练或者比赛中离开自己舒适区之后，面临越来越大的压力。事实上，赖恩说他的队友们的想法是直到你累了的时候才真正开始锻炼。所以，一次又一次，在那些最后的间歇的痛苦中，在快长跑或比赛中，赖恩不得不切断那些来自他身体、告诉他自己已经达到极限的所

第二章 意志力的作用

只要有意志力，就可以克服任何障碍，攀登任何高峰。

有信号，克服困难，更加努力地往前跑。显而易见，这就是意志力。

当你在跑步过程中遇到困难的时候，有意识地让自己要有意志力，可以帮助你继续努力并坚持到底。跑步的时候，你的脑海中会有很多自我对话，尤其是当你开始感到疲劳、疼痛和压力的时候。这种自我对话很容易让你变得消极，你可以开始说服自己：你已经到了极限，你需要放慢下来，否则就得放弃。在上一章里，我们讨论过保持耐心以及积极地运用耐心来遏制消极思想的重要性。

让自己要有耐心就像谈判一样。**告诉自己，虽然感觉很糟糕，但我必须要有耐心**。我现在忍受这种很糟糕的感觉，看看会发生什么。同时，我也不做任何决定。想着要有耐心，结果会大不一样。给自己更多的时间，等以后再重新评估，这虽然不合逻辑，但意志力是超越逻辑的飞跃。

意志力是不管逻辑的。意志力会碾压逻辑。意志力并不在乎你是否觉得自己的腿在往下坠，或者你是否觉得自己掉进了地狱的第七层。**意**

志力告诉你无论遇到何种情况，无论事情看起来多么绝望，都要坚持下去。 我认为这是跑步的决定性品质，因为不管你愿不愿意，只要把自己放置于舒适区之外，跑步就会变得痛苦和难以坚持。所以，每当跑得很艰苦的时候，你就会想到后退，这时就需要有意志力来发挥作用。

顺便说一下，值得记住的是，当你跑得很艰苦的时候，感觉糟糕是自然的也是正常的。在某种程度上，每个人都有这种感觉。然而，这并不意味着出了问题。相反，这表明你确实在尽自己最大的努力，表现得最好。

当然，意志力也有它的局限性。你可能下定决心要打破吉姆·赖恩的1英里跑的记录，或者下定决心以每1/4英里60秒以内的速度重复8次1/4英里跑。这些事情都是你不可能做到的。你的训练水平决定你能跑多远多快。但意志力会让你更接近自己的最终潜能，而不是每次遇到压力的时候都屈服于头脑中消极的声音。我们都能做得比想象中的好。但是为了达到"更好"，你必须在认为自己已经到了极限的时候，克服自我怀疑和恐惧。这就是意志力能帮你做到的。

我在序言中提到了埃莉诺·罗斯福的名言："你必须做你认为自己做不到的事情。"每当你觉得自己已经到了极限，但无论如何还是要坚持下去的时候，跑步让你有机会一遍又一遍地"做你认为自己做不到的事情"。

通过呼唤意志力来积极运用你的精神力量影响你的跑步表现，这需要练习。利用这一技巧，做得越多，就会做得越好。要知道，意志力是为你的跑步而服务的精神品质，它更多地来自你头脑中不合逻辑的、情绪化的、主观的、精神的一面，而不是来自分析和逻辑的一面。它是你大脑当中希望在关键的时刻能够利用的部分。它虽然没有理性，但却力大无穷。

第三章　得与失

当时正值午夜时分。我脚上沾满泥巴,浑身湿透了,站在那里瑟瑟发抖,看着那辆巨大的白色皮卡车敞开的车门,问道:"你有毛巾或毯子可以放在座位上吗?"

"没有,"这位陌生人说,"上车吧。"

十来个显示灯在一个复杂得可笑的仪表盘上闪烁着。发动机在脚下某个地方强有力地颤动着,风机在卡车的前端嗡嗡作响。我拨弄了两个刻度盘。突然间,一股被困在封闭的通风口后面的暖流席卷了我的全身。外面一片漆黑,只有雨水从挡风玻璃上倾泻而下,形成了一道锯齿状的光带。雨水敲打着车顶。我感觉就像坐在一个太空舱的控制台上,漂浮在一个奇怪的外星上空。

我确定自己已经疲倦到了极点。"残酷宝石100英里耐力赛(The Cruel Jewel 100-Mile Endurance Run)"和北乔治亚山脉的查特胡奇国家森林(the Chattahoochee National Forest)的崎岖地形实在是太残酷了。比赛是星期五中午开始的。现在是星期天,凌晨三点左右,我光着上身坐在卡车里,把T恤和外衣举到空中。热气、潮湿、参差不齐的小径、急上急下的山地(落差3.3万英尺),山脊、岩石、树根,以及到目前为止36小时的跑步,我已经糟糕透顶了,但我们又被困在了这条道路最艰难的一段——龙脊岭(the Dragon's Spine),天气寒冷,又刮着风,雷鸣电闪,大雨倾盆,要穿过这条小径,几乎是不可能的。

湿滑的泥浆现在覆盖着陡峭的上下山坡的小径，我不得不从泥土中露出来的石块中寻找立足点，并扶着树来站稳身子。即便如此，我还是摔倒了好几次。有一次甚至从山坡小道上滑了出去。不停地运动是唯一让我免于体温过低的办法。在我把最后一个补给包交出去之后，雨具也留在了那里，之后就遇到了寒冷和降雨的袭击。暴风雨到来之后，我的外衣很快就湿透了。显然，雨水把我大腿内侧的皮肤润滑剂洗掉了，那里有一块皮疹，火辣辣的刺痛，此刻正折磨着我。

我遇到了两个在泥泞的坡道上爬上爬下的选手。他们说话的时候，听起来好像都要哭了。我能从他们的声音中听出沮丧的情绪，他们迫切地想要到达下一个救助站，但在大雨不断倾盆的情况下，他们无法在这条路上取得任何进展，感觉被困在了这片黑暗潮湿的森林里。时间停止了。我们不知道，再走两英里还是6英里，再走1个小时还是3个小时？

我开始发抖，可以感觉到自己最重要的热量在流失。在很多其他的

在乔治亚州北部残酷的宝石山开始比赛的选手们，完全不知道自己的目标是什么。

比赛中，我都看到过选手们屈服于寒冷的情况。我自己也在那里，无法控制地颤抖着，唯一的选择就是放弃。当我到达白橡树桩（White Oak Stump）急救站的时候，我已经到了崩溃的边缘。

我问他们能不能借些干衣服，但援助站的志愿者已经把他们所有的东西都给出去了。难道把大垃圾袋做成雨披？"好吧，那么，我完了，"我说，"除非我能在别人的车里坐一会儿，暖和一下。"就在这个时候，上帝保佑，救护站的队长把我带到了他的卡车上。

我不知道在那里待了多久。我想如果我等得够久的话，雨就会停的。这时，司机的车门打开了，另一个选手跳到了我旁边。她身上是湿的，但有一件看上去还不错的雨衣。她停留了大约15分钟，然后就离开了。我终于把我T恤和外衣弄干了，并试着考虑接下来该怎么办。当然，我很痛苦，想着退出。我真想躺在这座位上睡会儿觉。那么，一切可能就这样结束了。

要回到外面冰冷的雨水当中，看起来就像走进了死胡同。离终点只剩下8英里了，但以我现在的速度，要花好几个小时。如果继续，5分钟后我又会在森林里全身湿透，没有温暖的卡车可以把我从危险的低体温状态中拯救出来。我从卡车的窗户向外偷偷地观察，除了黑暗、寒冷和雨水，什么也没有。如果离开了卡车，我唯一的希望就是跑得足够用力，这样就能保持温暖。但是现在拼命跑似乎不可能了。光是动一动就会感到各种各样的疼痛，尤其是潮湿的短裤，摩擦着大腿上痛处的神经末梢。我累得要命，眼睛都睁不开了。我的胃很不舒服，让我没法吃东西，也补充不了能量。我知道，要离开这里，首先是1英里长的上坡路。

从身体情况来看，这让人感到绝望。但我仍然有资源——精神资源，这就是为什么我要告诉你这个故事。如果我要继续下去，不是因为我突然感觉很好，而是因为我有足够的耐心和决心让自己继续前进。

无限的耐心，坚定的决心

我有一个多年来一直奉为圭臬的准则：无限的耐心，坚定的决心。我过去总是要对自己重复这句话，以避免产生消极的想法，并提醒自己，最终是你的精神力量让你朝着终点前进。具有讽刺意味的是，我已经不再需要重复那些话了。在跑过的那么多超级马拉松当中，我经历了那么多可怕的事情，但仍然坚持了下来，这足以告诉我自己："好吧，情况很不好，我的感觉也很差，但是，嘿，我经历过比这更糟糕的情况。我可以再次做到的。"

但我在车里的情况真的糟透了，我需要提醒自己需要付出什么。"无限的耐心，坚定的决心。"我对自己说。我需要忘掉我的感受，忘掉我对寒冷的恐惧。

我挣扎着穿上T恤和外衣，系好水袋背包，从卡车上下来，跑进雨中。我飞快地跑到放置援助站桌子的遮篷下，感谢每一位帮助我的人。

没有什么比在佐治亚州的森林深处张贴鼓励的话语更好的了。

第三章 得与失

"这条路上坡有1英里,"一个志愿者指着黑暗说,"然后就是下坡,直到终点。"当然,最后半句是赤裸裸的谎言。

我转身面对这条路,然后又动摇了。我很难克服寒冷给我带来的不确定性。纯粹的意志力让我行动了起来。继续坚持下去的做法与逻辑没有任何关系。甚至这样做是危险的。于是,我受到头脑中不合逻辑、情绪化部分的支配,深吸了一口气,然后强迫自己回到雨中。

在泥泞、湿滑的小道上往山坡上跑是不可能的,但我可以进行一次有力的步行,挥动手臂大步向前走。我立刻感到冰冷的雨水浸泡着我肩膀上裸露的皮肤,然后湿透了全身。我低下头,专注于我急促的深呼吸,继续向前。我知道我必须找到一种平衡,既要努力前进以保持温暖,又不能过度劳累以至于耗尽最后一点力气。我的思绪在恐慌和耐心之间来回转换。

这座山走不到头。黑暗中,除了头灯照亮的地方之外,什么也看不见,所以我不知道离山顶到底还有多远。时间慢慢地过去,又停滞了下来。最后,我爬上了库萨裸峰(Coosa Bald),然后向下穿过卡夫斯托姆普峡口(Calf Stomp Gap)和洛克斯特斯特克峡口(Locust Stake Gap)。道路变得再次难走起来。有许多凸起的和磨光的地方,还有充满石块和泥泞湿滑的区域,另外还有急转弯。只有努力穿越这些地方,才能让我保持体温。在接近山脚的地方,小路变平缓了一点,这让我取得了一些进展,但后来,在很长一段时间里都没有标记路线的旗子出现,我怀疑自己拐错了弯,就顺着小路往回走,想找到我走错路的地方。当我终于找到我经过的最后一面旗子时,那里已经没有别的路可走了,显然只是一场虚惊。于是我又闷闷不乐地转身往回走。

当我到达位于沃尔夫克里克((Wolf Creek)赛道上的最后一个救护站时,天色已经亮了,雨也差不多停了。沃尔夫克里克是一个无人看守的站点,桌上的水壶里只剩下一些水。空气中的寒意不再那么强烈了。

23

我开始有了这样的想法：我不会在查特胡奇国家森林里像冰柱一样死去。

当然，那位说"然后就是下坡，直到终点"的朋友忽略了最后一段2.5英里的爬坡的细节，这段坡的高度完全地超过了2800英尺。但我成功地爬了上去，然后上了福格尔州立公园（Vogel State Park）通向终点的最后一段路面。

在那条路上，一件令人惊奇的事情发生了。在我能看到的四五名选手当中，只有我一个人在跑，他们都一瘸一拐地走向终点。当然，有42名选手在我之前完成了比赛，还有40多名选手在限时48小时的比赛中落后于我，但至少在那一刻，我是了不起的。我想起在那辆卡车里是多么的沮丧和绝望。我把当时的情况和我现在所经历的快乐进行了对比，因为我现在可以用恢复的双腿跑到终点。当我冲过终点线时，抓住了赛事总监递给我的那枚大得可笑的扣形徽章，再次体会到那句话的真谛："你能做得比你想象中的更好。"

我意识到，100英里的越野跑是一个非常极端的例子，可以用来分析当你面临艰难的跑步情况时，大脑是如何帮助你前进或阻止你前进的。你的经历尤其是当你还是一个跑步新手的时候，情况会有很大不同，但原理是一样的。疼痛、疲惫和意想不到的问题会突然出现，让你脱离正轨。你会感到恐惧、自我怀疑和恐慌。问题是，你要能够意识到什么时候会发生这种情况，什么时候你需要不去听从头脑中消极的声音，而从其他地方获取不同的信息，并挖掘你内心深处的意志力。

誓死等待

在回顾早期越野跑步的经历时，我发现自己对跑步时的整个精神机制知之甚少。当情况开始变得艰难的时候，我通常会闭上嘴巴，以避免痛苦在我看来并没有什么好的、有益的选择。

第三章 得与失

现在回到我的越野经历。经过几周的训练之后，遇到了我们的第一次比赛。每所学校派出三支队伍：A组，大部分是高年级的校队队员；B组，高三校队，基本上都是高中三年级的学生；C组，雄心勃勃的高二学生。A、B、C三个组分在不同的大组进行比赛，所以每个人都在和能力相似的选手竞争。现代的越野赛道有5公里长（3.1英里），但在当时只有2英里。

我们C组比赛的枪声响起后不久，我就发现了一个规律，前面有几个选手排成单行，疯狂地跑着，他们在争夺最佳的冲刺点。紧随其后的是由其他参赛者组成的队伍，他们都挤在一起，互相推挤，但主要是想坚持下去，坚持到比赛结束。在这群选手的后面，是一些掉队者，他们拼命想追上前面的选手，以免遭受落到最后几名的屈辱。

我发现我可以和大部队待在一起，而不用把自己逼到崩溃的边缘。这可不容易，但我能坚持跑完2英里，最重要的是，让自己不落入掉队的行列。在比赛的尾声，当我们都挤着冲向终点时，我注意到了一件奇怪的事情。我周围所有的运动员都弯着腰，手扶在前面运动员的背上，大口呼吸，几乎都站不起来了。有些人甚至口中吐出泡沫。我是唯一一个站在那里基本上不受比赛影响的人。

这并不是说我跑得有多好，只是我没有费心跑出舒适区太远。几乎所有人都越过了舒适区的红线，毫无保留地付出了全部的精力，他们都精疲力竭。我不能那样逼自己。

在训练中，我也有类似的经历。一般来说，当情况变得不好对付时，我就不去做了。实际上，在C组的选手中，我跑得相当快。当我们做间歇运动时，你真的没有地方可以躲藏，几乎不可能不强迫自己去完成训练。但是在公园里，当我们离开哈特教练的视线时，我会放慢速度，让自己休息一下。有一次，我甚至走了一段路，在那里，我们刚好被树挡着。当我跑完一圈后，哈特教练看了看秒表，对我说："不要在树丛里练走步。"

也许我曾经有过跑步胜利的希望，但是我没有享受过跑步的过程。跑步是一项艰苦的不舒服的工作。哈特教练在会上警告我们，说我们不会玩得很开心，他说的没错。

几次交锋之后，我发现了自己的优势。在C组比赛中，大概在2/3的地方，我的感觉不是很好，但是，在我们绕过弯道，剩下最后半英里的时候，可以说我的体力还有剩余。每个人都说在比赛结束时要有一个强有力的"冲刺"，就像吉姆·赖恩一样。出于某种原因，我开始思考这个问题。回头想一想，我意识到这可能是我第一次成功地避免了我通常的消极思维，当跑步变得艰难时，我的脑海里充满了积极的想法。

我一心想着全力以赴。我加快速度，你瞧，我发现我有另一项技能。我立刻开始一次超过两三名选手。我跑到外圈，那里有更多的空间，我可以恣意发挥。我能听到自己拼命地吸气，以便奋力冲刺。我感觉已经超越了我的身体，就像是一个旁观者，只是破浪前进。当我到达终点的时候，可能已经超过了30名选手，从被埋没到了几乎领先的

我越野生涯的最终结局。

位置。

这一次是我弯下腰，在最后拼命地喘气。哈特教练就在那儿，他走过来把手放在我的背上。"干得好，达德。"他说。这是他第一次在比赛结束时对我说话。

一周后，东南高中参加了一项越野比赛，这是本赛季规模最大的越野赛之一。堪萨斯州各地都有学校参加，包括威奇托所有办学规模大一些的高中和堪萨斯城地区的学校，而堪萨斯城地区是另一个人口中心。所有队伍集合的热身区似乎占据了举行比赛的高尔夫球场的一半。广播系统大声播放着各种比赛要求，并宣布比赛开始。

选手们穿着运动服，上面印着我从未听说过的学校的名字。他们蹦蹦跳跳，极为放松。在去参加比赛的大巴车上，哈特教练告诉我，这次我将参加B组的比赛。我不知道为什么会有这样的安排。另一个二年级学生一直在B组，但他比我优秀得多。他似乎是个天生的赛跑运动员，又高又瘦，脸上总是带着一副怪相，就好像还没开始跑，他就已经开始较劲儿了。

在B组比赛开始前不久，就有很多新闻。参加的选手太多，所以B组不得不根据学校的规模分成不同的比赛小组。我被分在规模最大的一些学校里，包括威奇托中学、堪萨斯城地区中学，以及其他几个大城镇的中学。学校大意味着他们的越野跑队伍更大、更优秀。我所在的B组选手，几乎都是经验丰富的三年级和四年级学生，只有少数二年级表现优秀的学生。

在一块巨大的平地边上画了一条曲线，我们从这条曲线后面出发。远处放置着两个圆锥体，标志着赛道变窄，进入树林。也就是说，不管你从曲线上的什么地方开始，到两个圆锥体的距离都是一样的。

枪响了，我马上就知道我有大麻烦了。每个人都以极快的速度冲出了那条线。我跑的和平时在跑道上进行1/4英里间歇训练时一样快，但当我们穿过这块平地时，整个场地上的选手们将我甩在身后。当我终于跑到圆锥体前，大口喘气的时候，旁边只有一个选手。另外100名左右的选手已经消失在我们前面的树林里。

我拼命地想缩短我和他们的距离，但却做不到。时不时有一两位选手会从队伍中落下来，让我燃起希望，但接着他们又会加速，又将我和另外的那名选手甩在后面。我想，最后一定会有几名选手慢慢跑不动的，但结果还是没有任何变化。当我们看到标记着终点赛道的旗子时，后面只剩下我们两人。对于终点，让我有一种遥不可及的感觉。

我竭尽全力冲向终点线。我和剩下的那名选手齐头并进，交替领先。他看起来和我一样不愿意当最后一名。快到终点线时，他超过了我，我成了最后一名。我站在他的身后，回头朝终点线望去。我还抱着最后一丝希望，幻想着后面是不是还落下了一位选手，这样我就不会垫底了。当然，后面一个人也没有，有的只是一片空地。

在此之前，我并不在乎我在比赛中的表现如何，甚至不在乎我的最后成绩，但最后一名的成绩对我来说简直是毁灭性的打击。至于我参加的是B组比赛，还是和我可能会击败的那些来自小一点的学校选手进行比赛，这都不重要。重要的是我是最后一名。在这一大群选手中，我是绝对的失败者。我无法面对哈特教练。虽然队里的其他选手都没跟我说什么，但我能想象出他们都在想什么：你怎么成了最后一名？你怎么谁也跑不过呢？

坐着大巴回学校花了很长时间。我独自坐着，低着头，羞愧难当。当大巴停在东南中学停车场时，哈特教练站起来讲话。他说从周一早上开始，训练将有一个新的时间表。下午的训练和以前一样，但他每天都会增加一个早上的训练，从6点30分开始，到7点45分结束。在训练结束之后，你将有15分钟的时间穿好衣服，为8点的第一节课做好准备。

这条消息公布的时间和内容都糟透了。首先，我不是一个早起的

第三章　得与失

事实上，我没有成为甲壳虫乐队的一员。

人。我是个夜猫子。我每晚都挣扎着入睡，第二天早上又挣扎着起床。其次，我讨厌越野训练，而且什么样的跑步我都不喜欢。至于得到一件印有字母的夹克的愿望，我知道这在短期内是不可能实现的，可能要到我上高中四年级的时候才能实现。这一点让我备受打击。

我没有参加早上的第一次训练。相反，我退出了训练队。因此，在我的第一次有组织的跑步经历结束时，我还没有对跑步产生任何兴趣，也没有得到任何的回报。恰恰相反，它让我有一种彻底的失败感。

然而，我对印有字母的夹克的追求却有了一个美好的结局。冬天，我报名参加了游泳队的潜水员。不幸的是，哈特又是我的教练。他一直告诉我们，必须上下垂直跳水，这样我们潜在水下的时候就不会离跳板太远。最后，我问他是否有人会碰到跳板。"哦，是的，"他若无其事地说，"最终每个人都至少要碰一次跳板。"

这是我想听到的回答。一想到要撞到那块板子，我就受不了。我突然间又离开了第二个训练队。哈特教练一定认为我是世界上最容易放

29

弃的人。当然，后来他成了我的化学老师。这将让我最终一生与宾虚无缘，并影响了我对《人猿星球》（The Planet of the Apes）[②]的看法。

但是，由于我的潜水生涯如此短暂，所以仍然有时间尝试另一项冬季运动。我决定练体操。结果证明这是最合适的。我对它如鱼得水。不久，我就得到了那件夹克。我穿着它去学校，期待着某种神奇的变化，让我变得受欢迎，看上去很酷。结果那样的事情并没有发生。事实上，大家的反应就像我没有穿那件印有字母的夹克一样，就像我没有突然成为甲壳虫乐队的一员一样。

所以在高中的时候，我喜欢上了一项真正属于年轻人的运动，这项运动中的大多数人因为练习体操而变得年轻。跑步将会是我一生的追求，给我带来无尽的好处，但终将是一纸空文。如果你在过去的跑步中遇到过类似的挫折，不要把它当作这项运动的最终结局。

你应该再试一试。

[②] 由查尔顿·赫斯顿主演。——译者注。

第四章　设定一个小目标

炫耀夹克衫遭遇的失败，让我想起了初中时的一段比较有影响的经历。大概是在1965年，当时我们这些青少年最关心的事情就是赶"时髦"。我们甚至还有自己的圣歌，那是一首由比利·佩奇（Billy Page）创作、"跳着摇摆"的多比·格雷（Dobie Gray）演唱的歌曲，这首歌在电台里不停地播放。那句朗朗上口的歌词"我和时髦的人在一起，时髦的人去哪里我就去哪里，我和时髦的人在一起，时髦的人知道什么我就知道什么"，整天萦绕在我的脑海当中。

事实上，我根本一点都不时髦。后来有一天，在我们更换上课教室的时候，我碰到了小学的一位同学，他非常喜欢赶时髦。我们正在聊天的时候，又一个打扮时髦的家伙走了过来，加入到了我们当中，他开始和我的朋友说话，但后来他也转过身来和我说话。我不敢相信，通常情况下，这些赶时髦的人对其他的人都视而不见，就好像周围没人一样。

我惊呆了，我想知道到底是怎么回事。我有可能是他们当中的一员吗？这个很酷的家伙刚才跟我说话，就好像我与他是一类人。作为初中生的我，脑子有点不够用了。我低头看着脚，走向下一节课的教室。各种可能性在我的脑海中回旋。

我走进了下一节课的教室，坐在了我经常坐的座位上。我把书拿出来，看了看，什么也没看不进去。那首歌的歌词在我的脑海里闪过，"穿上漂亮的衣服，出去游荡。我们轻快地走在大街上，路上的行人投来的尊敬目光，不管是白天还是晚上，都会给我们把路让。他们知道，时髦的人儿已经走到他们看不见的地方。"哇，无论是白天还是晚上，人们都给我让路？我会走到他们看不见的地方？

接下来，我有一种奇怪的感觉。抬头一看，周围桌子旁的学生都在盯着我看。我瞥了一眼坐在教室前面的老师，他也在盯着我看。在死一般的寂静中，我突然意识到所有这些人都不对劲。他们都不是我的同学，老师也不是我的老师。原来我走错了教室，坐在了不是我的位置上，被我占了座位的那个女孩正站在那里看着我，就好像我是这个世界上最可笑的人……我的确是的。

我羞愧难当地跳了起来，冲出了教室，就像那间教室发生了火灾一样。我走进自己的教室时已经迟到了，不得不偷偷地走到我的课桌前，每个人都再次盯着我看。我的脸一定羞得通红。在我自己的眼里，我瞬间从英雄变成了狗熊。自尊心真正受到了打击。

自尊发电机

幸运的是，我找到了一项运动——跑步，这是一个完美自尊的内燃机。这是跑步的一大好处，值得花时间去探索和透彻地理解。毋庸置疑，跑步可以或多或少提升一个人的自尊。每次跑步之后，你都会感到一种力量和自信。你会自我感觉良好。即使面对很多棘手的、可能会在你生活的其他地方拖累你的问题，你也会有良好的感觉。至少在你跑步的时候，在你为自己和自己的健康做一些事情的时候，你就暂时不会去考虑这些令人担忧的问题。跑步在你对问题的情绪反应和问题本身之间留出一点空间，甚至可以有助于你想出处理问题的新办法。这个空间可以提升你的能力，让你正确地看待问题，并客观地处理它。

提升自尊的一个主要方面是设定和实现目标的过程，这是跑步特别有用的地方。仔细想想，设定和完成目标实际上就对跑步做出了界定。把跑步者需要做的事情分解开来，所有这些组成部分都包括设定目标和坚持到底。

你的第一个决定——让今天成为跑步日——就设定了一个目标。今天的目标是跑步。你的下一个目标是真正地走到户外。通常，这不是

一路上的每一步都是设定并征服的另一个目标。

一件容易的事。你必须和各种各样与之冲突的安排作斗争，克服惰性和自满。你的头脑中会出现这样的声音：昨天的跑步已经让你浑身酸痛，今天的跑步并非绝对必要，你必须压制住这样的声音。即使你的跑步伙伴在最后一分钟放弃了和你一起跑步，也不要理会。做好跑步的精神准备，走出通向户外的那扇门，每一次这样做的时候，你实际上已经征服了一个主要的目标。

然后是锻炼方式和路线的选择，这也是目标。今天会是艰难的一天还是轻松的一天？我是去跑节奏跑、山地跑、任意变速跑，还是去跑道上练一段间歇跑？也许我今天的目标是长跑，但中途可能会有一些提速跑的训练。我应该选择通常的路线还是选择不同的路线？

然后我们面临的是完成第一英里的目标。有时候，这看起来就像一座需要自己去攀登的高山。刚开始你的肌肉会感到僵硬，没有柔韧性。呼吸不太舒服。突然会出现疼痛感，然后又消失了。我养成了一个习惯，那就是在我跑完第一英里，并且消除来自没有预热好的身体的负面反馈之前，我不会去想我在做什么，也不会对锻炼做任何进一步的决定。

在锻炼的过程中，有一系列的小目标。例如，在快跑的过程中，你的目标可能是将速度刚好控制在比赛速度以下，直到跑到一半的路程。然后以比赛的速度跑完后半程。在含有提速跑的训练中，你要不断地选择地点，每个地点都有自己的目标。另一个目标可能是在跑步过程中做10个提速跑的练习，或者在提速跑的中间保持一定的速度。间歇训练的目的是显而易见的。例如，开始以每半英里不到3:15的速度跑8个半英里。所以有8个目标要实现，并且有一个非常精确的标准来衡量你是否达到了每个目标。

当然，接下来你日常锻炼的目标都是你更广、更长远的目标的一部分，就像为你的第一次比赛进行系统的训练，打破你5英里跑的个人记录，跑完你的第一个半程马拉松，冲过你第一次马拉松赛的终点，参加波士顿马拉松，或者冲过一个终极比赛的终点，等等。你可能正在训练参加铁人三项或斯巴达赛（Spartan event）。你可能有一个每周、每月或每年跑一定数量英里的目标。你可能保持不间断的跑步练习，有一个每天至少跑两英里的目标，还有一个长期的目标，那就是让你连续不断地跑下去。

不间断地坚持跑步

顺便提一句，保持不间断的训练，会出现一些非常奇怪的现象。我过去坚持不间断地跑步，因为这让我不必每天都做跑步或不跑步的决定。我想跑步——我的意思是，我对跑步的态度是非常认真的——但是每一个小小的借口都会让我偏离轨道，结果可能每天我都想着跑步，但从来没有真正穿上跑鞋，付诸行动。

我的答案是坚持不间断地跑步，这样每一天我都没有选择。我必须完成它，否则我就会破坏我的计划。别想了，我告诉自己，去跑吧。这对我很有效。无论如何，我都会去跑。

曾经，我和姐姐住在她堪萨斯城郊区边上的公寓里，那里的路都修好了，但空地上还没有房子、加油站或购物中心。那是周六晚上11点左右，我们度过了疯狂的一天，但我仍然打算去跑步。当然在午夜时分坚持跑步，将让我看上去像个傻瓜。

我穿好衣服，走到外面寒冷黑暗的地方，绕着广场外半英里铺好的路面跑着。姐姐的公寓大楼孤零零地坐落在那里，周围是空地，杂草丛生。路上每隔一段距离就有几盏街灯，孤零零的一副可怜的样子。没有月亮，所以在街灯之间的世界显得黑暗、萧条，有一种不祥之感。有一盏街灯正对着排水沟的出口。当我走近排水沟时，我看到一只动物蹲在旁边。那是一只浣熊，一动不动地看着我。等我经过之后，它就钻到排

多爬一座山，就会有多达到一个目标的满足感。

水沟不见了。

  我又绕了一圈，再回到排水沟的时候，让我吃惊的是，那只浣熊又在原地，摆着同样的姿势看着我。"它有啥事情要做吗？"我问自己。我打量着它黑色的面部、可爱的耳朵和光滑的皮毛，等我靠近的时候，它又消失在了下水道里。在我第三次经过排水沟时，它又出现了。看到它的时候，我有一种晃忽的感觉。就好像它在等我，我和它建立了某种关系。我几乎以为它会用后腿立地来对我说点什么："对不起，老伙计，介意我咬你的腿吗？"

但更加奇怪的事情发生了。我抬起头，看见一个年轻女子穿着高跟鞋，从黑暗中跌跌撞撞地向我走来。她穿着一件黑色的小礼服，肩上挎着一个银色链子的小钱包。天呐！她从哪儿来的？这完全是个谜。周围什么都没有，没有公共汽车站，没有汽车，没有人，什么都没有。那里只有我和我的浣熊。

"你能送我回家吗？"她打量着我问道。她看起来有点醉了，看睫毛膏的样子像哭过一样。我让她在路边等着，然后我跑回姐姐家去取车。她让我把她送到几英里外的另一个公寓。在去她家的路上，除了指路，她什么也没说。她谢过我之后就离开了，所以我一直不知道她是怎么一个人流落到街头的。

我看了看表，已经是午夜11点45分。我开车回到姐姐的公寓，把车停在街边，然后飞奔着消失在夜色中。我又一次从浣熊身边飞驰而过，经过时我对它说："没时间了，我得跑步了。"临近午夜还有几分钟的时候我完成了跑步，让我保持了两个月的跑步没有间断。

顺便说一句，世界上坚持时间最长的跑步纪录是英国的罗恩·希尔（Ron Hill）创造的，他在52年的时间里每天至少跑1英里。事实上，美国跑步运动协会（United States Running Streak Association, Inc.）有一个官方的美国坚持不间断跑步名单。要上这个名单，你必须有至少一年的连续坚持跑步的认证记录。名单上有787个人的名字。前15位上榜者坚持的时间都超过了40年。下面谈谈目标。

当然，有时你会错过一个目标。你准备好了去挑战你自己的10英里跑记录，结果却没有发挥好，从而没有实现目标；你第一次参加马拉松跑到一半时，脚踝出了问题，让你退出了比赛。这是你努力完成目标的一部分。达不到目标只是说明你制定的目标值得你付出最大的努力。汤姆·汉克斯（Tom Hanks）在主演的电影《红粉联盟》（A League of Their Own）中，在他向自己的女子棒球队解释说"应该很难。如果很容易，每个人都会去做"的时候，体现了一种关于目标的旧观念。托马斯·潘恩（Thomas Paine）表达了大致相同的观点。他说："我们太容易得到的东西，不会认真地去珍视。只有付出了代价，才觉得有价值。"

错过了那一天对10英里记录的挑战对你来说可能是最好的事情。这将激励你下次更加努力地训练，再返赛场时你会更加强大。它会引导你重新思考和设定你的训练目标。你会对自己感觉很好，虽然失败了，但你又回来了，正在准备下一次应战。最后，当你尽了自己最大的努力，再次有机会打破10英里跑的记录，在你之前失败的地方获得成功时，你会感到无比的满足。通常，**正是因为刚开始的失败，才将对一个艰难目标的实现提升到对人生肯定的时刻。**

波兰风格的明星之路

说道肯定人生的时刻，我想起了20世纪70年代末自己在波兰担任富布赖特交流讲师（Fulbright Exchange Lecturer），讲授英语作为第二语言时的情景。当然，波兰当时是一个社会主义国家。我和一些波兰教授一起组织了一个讨论小组，他们都在努力提高自己的英语技能，讨论的话题常常是波兰人的工作情况是多么令人沮丧和失望。国内的制度把事情搞得一团糟，几乎没有人有动力去努力工作，在工作中也没有出色的表现，因为这些事情不能得到很好的回报。一般来说，人们只是把时间投入到工作当中，然后等着回家。从表面上看，不管是逛商店还是在办公室，波兰人都显得无精打采、性格阴郁、态度冷漠。

但是，波兰人在其他地方可以投入自己的时间和精力。他们组织了

第四章 设定一个小目标

一些社交俱乐部，在某种程度上独立于政府。有帆船俱乐部、滑雪俱乐部、编织俱乐部、语言俱乐部、跑步俱乐部、歌唱俱乐部、刺绣俱乐部和缝纫俱乐部，还有一个俱乐部，你可以在业余时间做任何你想做的事情。我只是觉得，在这些俱乐部可以参加轻松的活动，摆脱日常生活的烦扰，享受一点生活。

有一天，我妻子提议，我们应该参加一个交谊舞俱乐部，学习如何跳快步舞和狐步舞。听起来很有趣，所以我们就去参加了。我们所经历的基本上是国标舞练习，类似于海豹突击队的训练。教练和他的搭档正在参加欧洲级别的舞蹈比赛。俱乐部里较优秀的成员参加了波兰国内的全国性比赛。每一次练习都是漫长、严格、苛刻的。从第一天开始，你就在为每一支舞的完美表现而努力。男士们就像不断重复着完美舞步的机器人，女士们也紧跟其后，他们舞步完美，精准的手势透过指尖表达得淋漓尽致。他们看起来就像打鸡血一样精神充沛。在维也拉华尔兹舞

在这次比赛中放弃，让我有可能回来，并且享受到的成功乐趣，这是第一次的胜利无法比拟的。

39

中，舞伴们的盆骨靠在一起，上身向外倾斜，把头转向一边，腰部以上的部位像木板一样僵硬。在腰部以下，他们的腿疯狂地摆动，连成一个完美的圆圈，在屋子里以不可思议的一致性流畅地表演着。

很快我就明白了，舞蹈俱乐部根本不是为了好玩。这是一个出口，一个机会，为舞者实现他们的潜力，超越日常生活的挫折，成为明星，为他们的生活注入意义。我后来发现，这是波兰社交俱乐部的典型特征。波兰人没有把他们的精力和热情投入到工作活动中，而是投入到这些替代性的追求当中，在那里他们可以更充分地表达自己，并获得实现崇高目标的满足感。

过去我常在居住的那个城市周围慢跑。而且我是唯一一个在那里跑步的人。当时跑步热潮还没有传到波兰，所以在弗罗茨瓦夫（Wroclaw）看到有人沿着街道慢跑是很奇怪的。我没有为任何的比赛或者特别的赛事而做跑步训练。我只是出于健康的目的，所以从来没

波兰人倾向于实话实说。这个告示牌警告说："当心狗，绝对不开玩笑！"

有跑得很努力。当有汽车经过时，司机们常常会摇下车窗对我喊："加油！加油！"他们是在告诉我要加快速度。

我想，他们之所以这么做，是因为波兰人会想到去跑步俱乐部里跑步。我相信，在跑步俱乐部里跑步和在舞蹈俱乐部里跳舞的模式是一样的。换言之，在任何时候都要全力以赴，否则你为什么还要跑？看到有人沿着街道慢跑而没有尽力，很难不被路过的人视而不见。那些对我大喊大叫的波兰人，并不是让我难堪；相反，他们在鼓励我追求崇高的目标，而不是满足于平庸。

第五章　托帕托帕断崖之夜

永远不要低估设定一个目标可以带你走多远，以及实现这个目标的过程是多么奇特和了不起。我和我的跑步伙伴罗布·曼（Rob Mann）在南加州奥哈伊（Ojai）的山上参加了一场名为"丛林狼双月100英里（the Coyote Two Moon 100 Mile Run）"的比赛，力争赢得一枚扣形徽章。

这是一场相当艰苦的比赛，必须爬上5000英尺高的山脊，然后连续在布满岩石、错综复杂的荒凉小径从上向下而行。我们已经参加了两次100英里的比赛，并多次相互发誓永远不会参加100英里的比赛了。100英里的比赛很辛苦，我们一次花了19个小时，另一次花了13个小时。对我们来说，100英里的比赛似乎是不可能完成的。

当然，我俩都很傻。这让我想起了你可能还记得的本书序言中的一句话："任何一个白痴都能跑，但跑马拉松需要特殊的白痴。"所以，在这种情况下需要一些特殊的白痴去南加州，去跑"丛林狼双月"版本的100英里赛。不知怎么的，跑完100英里的路程成了我们存在的理由。

罗布在我们第一次尝试100英里的时候没能坚持下去，所以最后剩下了我一个人，独自忍受比赛过程中猛烈地冲击着山脊的大风雪。当时的情况过于糟糕，以至于赛事总监不得不取消比赛，然后匆忙地把每个人带到安全的地方。山脊上到处都是参赛选手，包括我（顺便说一下，你可以在《跑步之道》一书中了解到这个不幸事件的全部经过）。那年

第五章　托帕托帕断崖之夜

没有人正式完成100英里的比赛。最后没有胜者，也就没有了扣形徽章奖励。

实际上，当时这项比赛已经要停办了，那一年应该是最后一次比赛。然而，所有那些和我一样倍感失望的参赛者，都梦想着能在那场比赛中赢得一枚扣形徽章。看到他们最后的机会消失在山脊顶上的雪地里，赛事总监克里斯·斯科特（Chris Scott）表示同情，把比赛延续了一年。罗布和我都很高兴，我们都不敢相信还有机会。就这场比赛我们已经想了好长时间，以至于我们已经开始把完成"丛林狼双月"赛的任务看作是为了保卫男子汉气概。除了赢得那扣形徽章，别无选择。

因此，我们去参加最后一次比赛，就像一对皮纳塔（pinatas）一样兴奋，随时都可能爆裂，将令人愉快的糖果撒满山坡。长话短说，我们接下来就开始了比赛。结果，罗布从山脊上跑错了路，浪费了太多的时间，他灰心丧气地中途退出了比赛。我在半夜钻进了一个援助站，那里

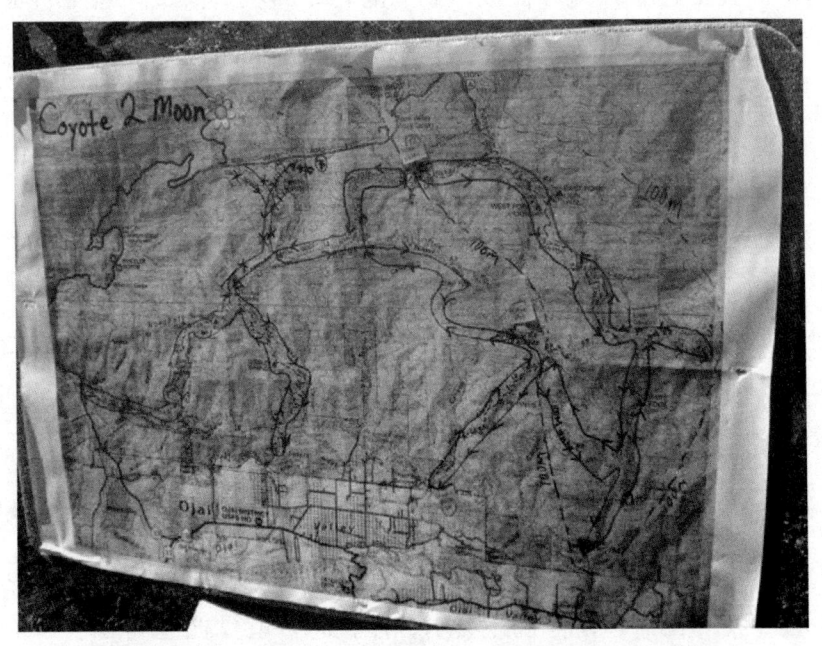

赛事总监给我们的"丛林狼双月赛"的地图。每一次往返都包括数英里的陡峭山崖要攀登。

非常冷，即使盖上几条毯子也不可能暖和起来。我的头脑已非常迟钝了，只感到一片空白，无法正常思考。我从来没有想过要跳进车里热热身子，然后再努力回到比赛。我只想回家，所以也放弃了比赛。

第二天，我们开车回到了家里，要多难受有多难受。我们得到了绝佳的机会，我们都胸有成竹，还参加了训练。我们身体健壮，我们所要做的就是跑完那该死的100英里，但我们失败了。再也没有机会了。

不过……

最后的机会

每一步都预示着灾难。在下一个拐弯处，我把一只脚放在陡坡松散的粗砂岩上，然后慢慢移动重心，要么保持稳定，要么就会踩着松散的石块（这些是小道边缘的标记），从托帕托帕悬崖（Topatopa Bluff）上滑落。我抬起头，头灯在望不到头的岩石碎块上掠过，这些石块在灯光下来回晃动。这是一条又窄又长的小道，上面布满松散的石块，到维基纪念碑（Vicki's Memorial）附近的时候，我的头灯没电了。从那里开始，我离开了石头路面，回到了"地面"上。

如果当时是白天，我感觉还有人样儿，那么托帕托帕之行是可控的。但是，我却摔了一跤。罗布和我从星期五下午4点就开始跑步了。那是星期天的凌晨两点，所以这是我们在这条小路上的第二个晚上。我们没有睡觉，也没有休息，除了偶尔无法前行的时候倒在泥地上闭眼休息片刻。

我累得要死，精疲力竭，精神紧张，口渴难耐。我的水很早就用完了。罗布和我们的步测员戴维·中岛（David Nakashima）在最后的20英里一直和我们在一起，他们还有水，但我想，就算把他们的水喝光了，还是解决不了我口渴的问题，所以我只是润了润口。与此同时，每前进

第五章　托帕托帕断崖之夜

一步，两只脚后跟上的水泡越让我感到疼痛难忍。我的胃也感到不舒服，所以我弯着腰，干呕着，真希望能吐出来，就这样结束比赛算了。

突然，身边的石头滚落下来，罗布从坡上面滑了下来，绊倒了我。上山的时候，他一直在前面带路。"我不想上去了！"他吼道。

"你的棒糖呢？"

"我把它留在那儿了。"他指着我们上面大约20英尺的一块岩层说。"到达山顶还有1英里。我不想坚持了。上帝说我们可以讲我们自己的故事。好了，这就是我的故事。我不想上去了。"

我小心翼翼地撑起双脚，站直了身子，这样我就能往山上看得更远一些了。我也不想向后跌倒。除了岩层之外，在高处的边缘上，还有更多的悬崖峭壁消失在视野当中。我们走了90英里才到达这里，这90英里的重量似乎落在了我的肩上。我挪了挪水袋的带子。我头痛、脚酸，胃里一团糟，双脚也已经麻木了好几个小时了。

我们之所以参加，是为了纪念我的60大寿。我决心做点什么来蔑视这个庄严的里程碑。我需要证明，虽然已经60岁了，但我还不老。我已经见过很多100公里的比赛，所以认为在60岁生日的时候跑62英里是最合适的。但这似乎还不够。在过去的几年里，我成了一个专注的超级跑步者（ultrarunner）。就超级跑步来说，我的理由是，要么一鸣惊人，要么拉倒回家。我认为，100英里的赛跑正是我真正需要的，它能让我的屁股后面多一个令人肃然起敬的里程碑。

与此同时，未能完成"丛林狼双月100英里赛"让我难以释怀。要是我们还有一次机会就好了。这件事就像一只蝉，在温暖的夏夜里扰得我心神不宁。如果我们自己参加比赛呢？而且刚好在我60大寿的时候！我可以一石二鸟，一方面可以蔑视到来的60岁，另一方面可以破掉"丛林狼双月赛"的魔咒。甚至在我10月份生日的那个周末，还会有一轮满月，这是标准的"丛林狼双月"的前提条件。

45

我们向前赛事总监克里斯·斯科特报到，得到了他的祝福。比赛场地全是公共公园，所以只要我们不把它烧了，做什么事情都可以。斯科特甚至表示，如果我们成功了，他会送给我们一些剩余的丛林狼双月赛完成者的扣形徽章奖品，这样我们不仅会有最终征服比赛的满足感，还会有实实在在的东西放进我们的奖杯箱里。

我们找来罗伯特·约瑟夫斯（Robert Josephs）和戴维（David）加盟，给我们提供帮助，所以我们做好了准备，作为一个自给自足的小团体来参加比赛。我们计划好了一切，预定了宾馆，准备好了所有装备，购置了食品，把人员集中在了一起，考虑好如何在一辆中型SUV后备厢里重新建起我们两人的6个主要救助站之后，就出发了。当时的感受就像拿破仑不用担心对俄国的入侵一样。

最终在10月26日星期五下午4点，我和罗布准时离开了玫瑰谷瀑布露营地（the Rose Valley Falls Campground），前往我们100英里之旅的

记录我们小冒险的开始，我们将其称之为"丛林狼双月救赎赛"。

罗布·曼 摄

第五章　托帕托帕断崖之夜

第一段玫瑰-狮子小道（the Rose-Lion Connector Trail），有一种喜忧参半的感觉。很快，我们就很难找到这条小道的踪迹了。我们有一张地图，给了我们大致的路线轮廓，但这条小路不肯与我们合作。尽管我们以前来过这里，但现在呈现在我们面前的景观看上去一点都不熟悉。在我们想着应该往山谷下走的时候，面对的却是向上的山坡。在我们觉得正在逃离山谷的时候，却出现了向下的山坡。面前有两个方向，接着似乎又没有路了。很明显，我们高估了自己对赛道的熟悉程度，低估了在实际比赛中赛道标记对导航的帮助。

有一阵子，天变得漆黑一片，我们在树林当中，发现自己正顺着一条干涸的河床爬过一堆乱石。这让我们感到有些不太对劲，于是停下来仔细查看地形图来寻找线索。看起来确实像是小径和溪流汇合的样子，所以我们商量沿着河床走。我们猜想，再往前走，它就会转到小道上。最终，那条小溪会和我们期望的小道结合在了一起。我朝下看了看那长长的、黑暗的河床通道，它在树林中蜿蜒而过，我们得爬过那些参差不齐的巨石。

我们已经往回走了两趟，寻找我们可能脱离赛道的地方，但运气不佳，每次都以回到溪边而告终。我们决定最后再试一次。这一次，罗布从我们右边低垂的树枝下面钻了过去，我跟在后面，我们的灯光照亮了一片坚实的河岸，看上去就像一条死路，但我们可以勉强辨认出一个斜坡通向河岸。顺着斜坡向上走了几步，小路清晰可见。一棵倒下的树挡住了正确的路线，几乎使我们整个冒险前功尽弃。如果沿着河床而下的话，那将是一场灾难，我们将不得不在丛林里跋涉，还可能会触发晚到3小时的警报。如果我们超时未到，就会让我们的工作人员呼叫救援。

回到供吉普车行走的路面上之后，我们对这段路况要熟悉得多。我们走到西沙峡谷（Sisar Canyon）底部的时候，戴维和罗伯特在那里建起了第一个救助站。在他们精心的照料下，我们开始享受三明治、汤、巧克力、软饮料和水。整个冒险似乎又成了一个不错的计划。

我们装上了充足的食物和水，然后开始往山脊上爬。从山脊的顶端，我们将再一次沿着霍恩峡谷小道（Horn Canyon Trail）而下，直到奥哈伊的底部。

这就是野兽的本性。爬上山脊，沿着山顶走一段时间，然后一直向下走到底部。然后重复同样的过程，一次又一次。

离开在霍恩峡谷之后，我们在凌晨3点到达了格里德利小道（Gridley Trail）上的山顶，被拦在入口处的几条带子挡住了去路。那里钉着一张告示，告诉我们6天前一只熊袭击了一名妇女。显然，这名妇女在这条小路上让熊和它的幼崽受到了惊吓。这条小路关闭两周了。所以我们别无选择，只能绕过它，走到下一条小路，然后从山脊上下来。我们想后面会以某种方式来弥补这段距离。当然，一只生气的熊妈妈在外面跑来跑去不是我们想要看到的。不知它是否接到了通知，只能待在

发现遭受熊攻击的警告标志。格里德利小道已经关闭。现在我们该怎么办？

罗布·曼 摄

第五章 托帕托帕断崖之夜

那段封闭的小路上,而不是徘徊在我们所在的其他小径?对此我表示怀疑。

星期六破晓时分,我们到达了普拉特小道(Pratt Trail)的尽头,一个叫安逸谷(Cozy Dell)的地方。移动电话在山脊的这一边有信号,所以我们提前打电话给戴维和罗伯特,告诉他们因为熊的原因我们改变了计划。他们正等着要给我们送来热汤、咖啡、睡袋和露营椅。晨光总是给通宵跑步的人带来意想不到的动力,所以在短暂的小睡之后,我们会重新出发上路。从那里开始,要爬上7英里的山脊,然后再有几英里才是下一个小道——霍华德克里克小道(Howard Creek trail)。这条路我们来回走了两次,以弥补绕过格里德利小道的距离。

我们在霍华德克里克小道的环形路上消磨了一整天,然后回到了玫瑰谷瀑布露营地(Rose Valley Falls Campground)。此时我们大约在80英里的地方,面临20英里的大环形道爬上山脊,然后再回到我们出发的地方。在我们上了这个大环形赛道的时候,将不会有救助站,部分道路通往托帕托帕断崖顶部。

夜幕再次降临,我们的小团队情况有些不妙。我们让戴维做最后一段的步测员,但是,他给予我们的兴奋并没有持续多久。在攀登玫瑰谷公路(Rose Valley Road)的过程中,我们登上了几个错误的山顶,这让我们备受煎熬,等到达正确的山顶时,我已经泄了气。

刚开始跑的时候,我期待会有一个地标,我会像兔子一样快地跑到那里。此刻,却没有出现地标。什么都没有见到,我的期待成了绝望,我感到希望渺茫,接着是愤怒,如此往复,直到没有了希望和期待,也没有了欲望,对一切都变得麻木。但地标仍然没有出现,我只有不断跋涉,直到最后它终于出现了。但即使到那时,离到达目标还很远。没有什么可以填补长距离奋斗留下的空白。当天绕山而跑的情形就是这样的。

托帕托帕断崖之上

上到托帕托帕断崖，我甩开罗布，喃喃自语道："我要登上山顶。"我有一个条理清晰的想法，那就是以前每一个完成比赛的选手都爬过这段路。在我看来，如果没有托帕托帕断崖，任何关于完成"丛林狼双月赛"的故事都是不完整的。罗布被我远远甩在身后。我沿着这条没有尽头的小路往上爬，直到黑暗中一块又大又平整的石头横亘在一大堆石头前面，那是维基纪念碑。我把随身携带的小棒糖放在这块平坦的石头上，坐了下来。

不久之后，罗布跟了上来。他此刻正被某种怒发冲冠的气息所征服。他告诉我他真应该用石块砸我的屁股，而我也感觉他好像在用整座山的石头来砸我的屁股。他好像还说等回去后他还要砸戴维的屁股，但所幸我没有按照他的逻辑来想。在30多个小时的跑步中，我处于极度恐惧的状态，几乎没有任何精神上的反应。首先，我不明白他为什么对我特别生气；其次，我还有别的事要做。

一会儿爬过来，一会儿爬过去

当我们从陡峭的斜坡上下来，走上通向终点的最后5英里单行道时，我的身体已经不受支配。我就像个孩子，呆头呆脑地跟在后面，别人去哪儿我就跟着去哪儿。我的想法和变形虫一样：一会儿爬过来，一会儿爬过去。与此同时，罗布也是汗流浃背，现在他似乎只靠肾上腺素在工作。他沿着小路飞奔而下，这条小路沿着几座悬崖的边缘，很危险。戴维和我几乎跟不上他。

时不时，我脑子里会出现一个很困惑的问题。我会大喊："你确定这就是那条小路吗？我们走的方向对吗？"罗布会停下来，然后我们围着

第五章　托帕托帕断崖之夜

地图查看，地图上确实只有一条小路，我们必须沿着这条路走，而且要朝正确的方向走。我愚笨的大脑确认了这一点，但5分钟后，我又会问："这是正确的方式吗？"但幸运的是，对于我的孩子般的行为来说，罗布显得更成年一些。他让我们继续前进。

最后，我们来到了狮子峡谷（Lion Canyon）的底部，越过了死亡之崖，来到了最后一个小径的交汇处，我们无疑回到了地图所标的正确路线上。我们还剩不到两英里的路。这个时候，我们遇到的新问题是，在谷底的感觉就像是步入了冻土之上。我挣扎着穿上当晚带在身上的暖和的夹克，戴上帽子和手套。

天开始亮了，但我们又迷路了。天色越来越亮，映入我们眼帘的是奇怪而不熟悉的景象，有灌木丛、牧豆树、沙脊和枯树。这条路消失在裸露的、有车辙的红砂岩山脊上。看上去显然不对，我们停了下来，再次确信迷路了。现在不是距离终点还有几分钟的路程，进入头脑的是我们已经偏离了方向，进入了一个迷了路的峡谷，这条路有可能通往内华达州，而不是去玫瑰谷露营地的停车场。我们试着往回走，但唯一能看到的路都是我们走过的，所以我们又转过身，重新往前走，希望能有最好的结果。

当我们到达一个高地的时候，可以看到玫瑰谷公路通向远处的山脊，所以我们知道走的方向是对的。于是，我们重新回到那条神秘的小路上。在经过了一段似乎走不到尽头的路之后，我们看到了那条小道的起点，同时也是终点，尽管我们似乎是从错误的方向到达那里的。我们是否真的沿着正确的路线回到终点，我还不清楚，但可以猜想到的是，我们完成了被迫绕开格里德利小道而想要实现的目标。

我们大步走到柏油路面上，看到我们的车子就停在马路对面。罗伯特出现了，他拍下了我们在旅途结束时所做的奇怪的、鬼头鬼脑的手势。不是握手，也不是举手击掌。是我们的拳头紧紧地握在一起。没有

正念奔跑：运动者视角下的压力管理

比赛结束时实际的、鬼头鬼脑的姿态。它表达的是什么意思呢？

罗伯特·约瑟夫斯　摄

人知道为什么会有这样的动作，也没有人知道它的含义，但它是那一刻真实的情景。

奇怪的是，到了终点，我一点也不高兴。我感到备受打击，只想去哭。我感觉似乎已经走入了这条小路上一个又深又黑的地方，还没有从中走出来。这需要一些时间。我们坐在温暖的车里，腿上盖着毯子，慢慢适应了已经完成比赛的事实。我们跑了30.5个小时。我们经过了大概100英里，或许更多，或许更少一点。不过，我们俩谁也不怀疑，我们已经完成了一项完整而又真实的任务，完成了"丛林狼双月100英里"赛，即使我们被迫改道，也理应得到扣形徽章。

为什么这个特别的目标会成为我们所有可能想象到的跑步目标中最为执着的一个呢？我不知道。它只是出于环境而逐渐出现的。首先，我们最初认为完成"丛林狼双月赛"100英里的任务是不可能的，所以一开始的时候一抹黑。后来是直接取消了比赛，然后是我们一起在最后一

第五章　托帕托帕断崖之夜

次官方比赛时的失误。

从很多方面来看，它已经成了一个完美的目标。这是一个遥远而艰难的过程，要求付出超出我们想象的努力。**实现目标需要成长、坚持、意志力和决心。在一次又一次的失败之后达到目标，会比第一次或第二次达到目标更甜美，更令人满意。**

比赛结束之后，我的确感到更多的是沮丧而不是胜利。我和罗布两人都被迫进入了新的心理领域。罗布感受到的是一种愤怒，这种愤怒越过了他所有身体上和精神上的障碍（实际上，这一机制是我在另外一场100英里赛中发现并很好加以利用的，具体情节可以在《跑步之道》一书中找到）。这种愤怒可能部分是针对我的，因为我时而顽固，时而无助，但我敢肯定，更多的是对我们大家所处的绝望处境的愤怒。不管愤怒的对象是什么，这种愤怒让他走出了低谷，并在真正关键的时候把他变成了一个超级跑步者。

这就是长久以来备受追捧的扣形徽章。

罗布·曼　摄

我惊奇地发现，当时我自己身上也有一种全新的精神状态。让我们称其为功能性无助感。我感觉自己什么都做不了。如果只有我一个人，我会像一块石头一样坐在那里，但是只要有人在前面带路，我就完全有能力紧跟其后而不会放弃。在比赛快结束的时候，我们迷了路，对于找到正确的道路，我感到无助，但是当有人知道我们该往哪里走的时候，我就精神百倍地准备往前走。我以前从未体验过这种精神状态，之后也从未体验过，但它就像一样工具，藏在我的精神工具箱里。在任何事情上，我可能会感到崩溃，但只要得到一点指引，我就会一如既往地继续前进。

回顾整个比赛的冒险经历，这是我做过的最难忘的事情之一。这一切的发生，都是因为我们设定了一个目标，并决心去实现它。

第六章　只有克服困难，才能到达星空

每一个州似乎都有一个寻找关于跑步精神的见解的奇特的地方性格言，而且我的家乡堪萨斯州实际上就有这样的一个格言，与其有很大的相关性。事实上，这句格言本身就可以作为跑步的座右铭：Adastra per aspera。它的意思是"只有克服困难，才能到达星空"。

这是一条很励志的格言。"到达星空"指到达一个很高的目标。它暗示着一种渴望，不是在生活中得过且过，而是要过一种非凡的生活。跑步可以帮助我们做到这一点。约翰·詹姆斯·英格尔斯（John James Ingalls）把"只有克服困难，才能到达星空"作为堪萨斯州的座右铭。他认为，19世纪50年代生活在堪萨斯州的人们决心建立一个引人瞩目的社会。他写道："堪萨斯州的愿望是达到难以达到的目标；它的梦想是把不可能变为可能。"

他使用"难以达到"和"不可能"这两个词，可能是由于当时堪萨斯州的可怕处境。英格尔斯眼中的堪萨斯州梦寐以求的和平富饶的社会与恐怖的充满冲突的奴隶制现实之间形成了鲜明的对比，后者将该州侵蚀了多年甚至让其回到了内战爆发之前的状况，让它赢得了"血腥的堪萨斯州"的恶名，使得和谐社会似乎遥不可及。

此外，除了这场激烈的公开的奴隶制战争，几乎堪萨斯生活的每一个方面都出现了困难。许多向西迁移的自耕农选择了堪萨斯，因为那里有肥沃的农田，但高秆草丛生的大草原不太适合耕地。那里的气候恶劣，龙卷风、暴风雪、干旱、冰雹、洪水等，一切都不可预测，所以农作物歉收是很常见的。蝗虫和其他害虫也会破坏农作物。农业生产非常艰苦。一个人是干不了这些活儿的，所以全家都得投入进来干所有的活计。

使定居者们更加进退两难的是，印第安人被迫从东部迁移到堪萨斯州。条约的违背、误解和对土地资源的争夺，实际上导致了印第安人和早期定居者之间持续的紧张状态，造成双方冲突、相互指责和流血事件。当堪萨斯最终以一个自由州的身份加入联邦时，她的一大批士兵立即奔赴战场。在内战中，每千人当中战死或死于其他原因的堪萨斯人比冲突中任何其他州的人都要多。

因此，"只有克服困难，才能到达星空"不是该州一个肤浅的口号，而是对堪萨斯人投入的巨大的斗争独有特色的准确描述，也是为了共创卓越的未来而面临挑战时的号召。

人们常常注意到，跑步是人类一项非常自然的活动。事实上，我们发展进化的目的不仅是跑步，而且是高效地跑步。跑步对我们来说听起来很容易，就像早上起来下床一样简单。我们都听说过脑啡肽（endorphins）在跑步中所扮演的角色，以及脑啡肽所产生的令人愉悦的"跑步者的快乐感"。还有"流动跑步"的概念，这种观点认为，时间和距离在不知不觉中流逝，跑步者可以在锻炼中"漂流"。

好了，先不要着急。所有这些听起来很轻松的东西在某种程度上都适用于跑步，但是有很多复杂的注意事项。更为基本和适用的事实是，一般来说跑步是不容易的，你越是致力于做得更好，它就越困难。这并不是说跑步就一定令人不愉快，也不是说你不会逐步取得进展或者在你的舒适区花大量的时间，但是，如果你想跑得更快更远，或者开发你最大的潜能而成为一名跑步者，你就不可避免要经历一番痛苦。我们都听过体现这一现实的精辟格言："没有付出就没有收获。"

痛苦和折磨将是你跑步过程的一部分，所以有必要认真对待这一

第六章　只有克服困难，才能到达星空

有跑步，就会有疼痛和痛苦。

概念，并认识到正是克服这些困难才会让你获得跑步带来的回报。成就感，自尊心的提升，能够处理生活中其他困难的自信感，都是面对苦难并最终实现目标的结果。正是克服困难的道路，引领着你通向星空。

　　同样值得注意的是，当你训练的时候，你对自己将要遭受的疼痛和痛苦有很大的发言权。正如无名氏所言："疼痛是不可避免的，但痛苦是可以选择的。"我并不真的认为痛苦是可以选择的，因为你可以完全摆脱它，但你如何处理痛苦，以及你对痛苦的心理反应，肯定是你可以控制的事情。

应对疼痛

　　一个很好的开始应对跑步带来的正常疼痛的着眼点是看它到底是什么。我们感到疼痛或疲劳时，就会立即将其理解为一个不好的信号。我们会认为什么地方出了问题。我们会告诉自己："我不应该受伤。我训练得不够好。我正在参加一场糟糕的比赛。"事实上，当你努力的时候，感到疼痛、紧张和疲劳是完全自然的现象。这是一件好事。你有这样的感受是因为你已经尽了最大的努力。你在督促自己超越自我，发挥最大潜力。你正在努力达到一个不容易达到的目标。如果没有这种感觉，很有可能你的表现不佳，或者设定的目标没有反映出你真正的潜力。记住那位无名氏所说的话的前半部分："疼痛是不可避免的……"

意识到你感到的痛苦和紧张感是正常的也是很自然的，这点很重要，因为它可以帮助你避免思维上可能采取的其他路线，尤其是消极的路线，后者会因恐惧和自我怀疑而让你感到不堪。"如果现在感觉如此糟糕，那么以后岂不会感觉更糟吗？"你会这样问自己，"我只能勉强保持这个速度，我怎么可能在剩下的比赛中保持这种状态呢？"这样想的话，你很快就会说服自己，认为继续努力是没有意义的，唯一的解决办法就是更加努力地训练，明年再试一次，你现在的目标已经遥不可及。但是，当你把一切归因于能力有限的时候，你永远也不可能通过训练来摆脱这种感觉。实际上，你不是在继续，而是恐慌和放弃。

另一方面，当你把疼痛解释为付出最大努力的自然结果时，你就能保持积极的思维，并运用心理策略来帮助自己应对痛苦，而不是屈服于痛苦。你所想的就是能够接受疼痛，超越它，并重新把注意力放在你需要做的事情上来，继续付出努力。这里有几种心理策略你可以去尝试：你可以从头顶到脚趾，做一些日常活动来逐个放松你的肌肉群；你可以把你的思想集中在一个积极的、让人安心的真言上；你可以把面前的比赛分成更短的、可掌控的小部分；你也可以把注意力缩小到你现在正在经历的感觉上：你前面的路况、你的脚步声、你的皮肤对外界空气的感觉、你的呼吸、你手臂的运动等。所有这些都能将你的思想从消极的自我暗示中解脱出来，帮助你保持积极的心态，专注于正在做的事情。

当然，从理论上讲，这一切听起来都很有道理。很容易想象到，你

第六章　只有克服困难，才能到达星空

一种赛后处理疼痛的方法。

罗布·曼　摄

可以避开消极的想法，不气馁，并坚持下去，就像你没有感到死亡的眷顾一样。不错啊（Tra-la-la）！然而，事实是，在实际情况下，你很难不动摇。训练是有帮助的。你面对困难情况的次数越多，你就越能更好地处理疼痛和疲劳。这就是为什么在锻炼中不时给自己施加压力是个好主意的原因。你从艰苦的训练中得到了身体上的好处，但同时你也给了自己宝贵的练习机会，来处理处于极限状态时的心理问题。

这种动力的好处是，如果你成功地做到不气馁，你就赢得了自我满足和自豪感，因为你战胜了一个困难的局面。换言之，这就是"只有克服困难，才能到达星空"。**跑步的伟大之处在于，它为你提供了一次又一次的成长机会。**

间歇训练

有一种很好的方式来体验发挥自己的极限，然后依赖自己的意志力来保持前进动力，它就是间歇训练。间歇训练包括短时间的高强度活动和间断性的休息。没有什么比间歇训练更能快速提高你跑得更快的能力了。它能提高你的最大摄氧量，是心脏泵入的富氧血液量和肌肉利用氧气的能力的结合。间歇训练也能燃烧卡路里，就像你把煤放进燃烧的炉子里一样。

在20世纪80年代，当我刚开始参加当地的比赛，将其作为我跑步日常训练的一部分的时候，10英里比赛非常流行。参加比赛的时候，我都会尽我所能去刷新自己的个人记录。起初，我看到自己完成比赛的时间缩短很快。在比赛中出色的表现会激励我更加努力地训练，我也会在冲向终点的时刻看到自己的进步。

当然，我从早期越野训练的时候就很熟悉间歇训练。我知道这是一件多么令人讨厌的工作，但同时我也知道，如果我想继续缩短我的10英里赛的成绩，这将是最有效的方法。我开始每周去几次跑道进行日常锻炼。我最终的目标是40分钟之内跑完10英里，这需要我以每英里6分25秒的平均速度跑6.1英里。精英跑步运动员和那些在10英里比赛中取得前5%或10%成绩的人会嘲笑这一数字，但对于像我这样的中年周末战士来说，这是很艰难的目标。

我的典型的间歇训练是首先绕跑道做慢跑1英里的热身运动，然后做一系列6个或8个半英里的间歇运动，每半英里慢跑1/4英里，最后绕跑道慢跑1英里，作为放松。考虑到我需要在大约6分30秒之内连续跑6英里，我的半英里间歇训练至少需要在3分15秒内完成。我只能勉强做到。我的成绩大多在3分10秒左右徘徊。偶尔，我会一口气跑出3分03秒或3分04秒的成绩，但再也不会更快了。换言之，40分钟跑出10英里对我来说是一个很高的目标。这意味着在整个比赛中得以我最高可持续的速度奔跑，不能有犯错的余地。

间歇训练一直是我一周训练中身体和精神上最重要的部分。每跑半英里，我就会让自己马上跟上比赛的速度，保持这个速度，我的身体很快就进入了一个很不舒服的无氧区。在做半英里的间歇慢跑时，我又回到了有氧运动区，但回到比赛速度时，我又体验到了跑步中的无氧消耗。当然，正是这种动态机制提高了你的最大摄氧量，使得间歇训练成为一种有效的提高方法，但在身体上没有什么是真正让人值得去喜欢的。

同时，在精神方面，那是能力的迸发。跳进车里，把车开向跑道去进行间歇训练，知道等着你的将是什么，这是需要决心的。每半英里的最后冲刺是一种耐力的锻炼，我咬紧牙关，以我能掌握的最佳速度前进。最后两次间歇训练始终是对我决心的最后考验，我要尽可能在速度上保持领先，让这两次间歇的时间与前4次或前5次保持一致，而不是在最后爆发。身体上和精神上的强烈斗争使我体验到了"只有克服困难，才能到达星空"的时刻。之后，我会感到一种自信，一种我能应付任何挑战的感觉。

要真正体会间歇性训练给跑步者带来的精神错乱和创伤，可以看看小约翰·帕克（John L. Parker, Jr.）优秀的跑步小说《曾为跑步者》（Once a Runner）的第32章。这一章刚好题为"间歇训练"（The Interval Workout），它描述了主人公昆顿·卡西迪（Quenton Cassidy）是如何在他的教练、同为优秀跑步运动员的布鲁斯·登顿（Bruce Denton）的带领下进行一系列间歇训练的。卡西迪完成了一系列的20次1/4英里的重复练习，他明白这一系列的重复练习是一天中大部分的训练内容。卡西迪认为这是一种扎实的锻炼，虽然不容易，但也没有他预期的那么难。令他吃惊的是，登顿让他完成了这一系列的重复性任务，

一步一个脚印，走向星空。

每一组都要跑20个1/4英里，而且速度非常快。卡西迪全力以赴，在又做了20个1/4英里的训练之后，他已经精疲力竭。太阳落山了，除了数出重复的次数之外，没有人说话。一直和西迪一起跑步的登顿现在停了下来，告诉卡西亚，等他不可思议地单独完成另外20个1/4英里的练习之后，他再回来。卡西迪在最后20个1/4英里中的精神状态的描述是非常宝贵的。这是一个经典的故事，描述了当身体似乎已经被推到了极限的时候，精神是如何坚持战斗的。

我从来没有在10英里中打破40分钟，但是我在尝试中所经历的挣扎是有益的。我觉得我通过克服困难到达了星空。我到达的星空并非在40分钟之内跑完10英里。相反，它更像是"尽管困难重重，但你还是尽你所能去到达"的星空，不管如何，它依然是那个星空。

第七章 慢跑俱乐部

下面讲一个故事让我们从沉重的阐述中休息一下。还是从上一章选一个主题吧。我认为，我们理所当然地觉得"到达星空"的过程，就是努力改善自己、过上更满意的生活的过程，这需要奋斗、付出辛劳和克服挑战。下面设想一个发生在未来的故事，在这个故事发生的时间里，挑战环节已经从跑步方程式中被拿掉了。

卢茨扬（Lucjan）发现自己的膝盖剧烈地完全不自然地上下跳动，但他不得不承认，这确实有效。他不知道该拿他的胳膊怎么办。放在身体两侧？还是置于胸口？他瞥了一眼其他俱乐部成员，他们正绕着大房间的边缘锻炼。

罗扬（Royan）确实看起来像个傻瓜，双脚都几乎没有离开地面，双手垂在腰间。其他的人也一样，都苍白得像幽灵，单薄的身躯弯曲着，骨瘦如柴的腿和胳膊伸向前方。

是道纳尔（Donall）安排了本周活动的地方。就在一天前，这个信息代码就传到了卢茨扬的接收器上。这是废弃的工业区里的一个普通的空仓库。如今，工作场所集中在楼下基层，机器人在那里不亦乐乎地工作着。

一旦习惯了这种奇怪的动作，卢茨扬就开始细细品味这种复杂的感觉，他感到空气在耳边飒飒作响，他感到大腿肌肉有一种奇怪的温热感。他查看了一下时间，他已经慢跑了近4分钟。许多俱乐部成员已经停了下来，筋疲力尽了。

卢茨扬的运动衫上出现了一块湿斑。他正在苦思冥想，突然仓库那头的门突然打开了，卢茨扬吓呆了，几个穿着白色制服的人涌了进来，然后散开。即使在房间的另一端，卢茨扬也能辨认出他们制服上的大红心，那是卫生部的执法人员。

这些人迅速单膝跪下，摆出射击姿势。卢茨扬听到了枪声，看到薄纱网在一个又一个慢跑者身上爆炸。

幸运的是，没有人瞄准他。这给了他足够的时间让他反应过来，从附近的一扇门跑了出去。他拉上了门，听到门的另一侧被纱网拍了一下。

就在一周前，慢跑俱乐部的活动还平安无事地结束了。卢茨扬又累又庆幸，悄悄地回到了自己的家里。但他的妻子米拉（Mira）立刻出现了，从他们的药橱间走出来看着他。

"你脸红了。"她得意地说。

"刚从地铁那边走过来。"卢茨扬回答。

她往近里走了一下，伸出手，用手指掐住他的大腿。这让他跳了起来。"你的肌肉又紧了。别骗我，你去过那个俱乐部。"

卢茨扬从她身边挤过去，走进浴室照了一下镜子。果然，他的脸颊上有一抹明显的粉色。

米拉就在他的身后。"你怎么能这样对我？"她说，"抛弃你的生活，是为了什么？"

"只是……"卢茨扬开始说，"只是……我不知道，我无法解释，慢跑只会让你活得快乐。"

"活得快乐？"米拉反唇相讥，"太滑稽了，它会要了你的命，你知道它是怎么回事，你骗不了药丸的，卢茨扬！"

在卢茨扬心里，他知道妻子是对的。长寿胶囊能让你多活50年左右，但前提是你的生活得小心谨慎，不要给身体带来压力，不要让你的

第七章　慢跑俱乐部

细胞过于劳累。这是最优秀的科学家所能做的。衰老的过程可以延缓，而不是停止。人们学会了调整，让机器人做所有的工作并不难。当然，体育运动已经过时了。不久，政府介入了。政府不相信人们能照顾好自己，所以由卫生部来执行养生法规。

"你走了我怎么办？"米拉说，"让我孤独一人，没有丈夫，没有家人。"

"看看天上的星空，米拉。你和我现在到底在做什么？如果我们50年都什么都不做，又有什么意义呢？"

米拉看着他，摇了摇头。"你是个傻瓜，"她说，"总有一天他们会抓住你，制止你的。"

她走到躺椅前，一屁股坐了下来。"看。"她低声说。对面的墙消失了，米拉最喜欢的节目演员出现了。

卢茨扬走进了药橱间，他的晚服药片和长寿胶囊都装在一个塑料勺里。他把这些药放进嘴里，当药物立刻融化的时候，他听到一种小小的

在未来的世界里，运动已成为过去。

嘶嘶声。

他走来向米拉道了晚安，米拉没有理他，他站在她身后看了一会儿节目。

"大家都围过来，"节目中一个演员说，"是时候把他的生日证书给曾曾祖父了。150岁肯定很酷！"

一大群家庭成员挤在一个看上去年迈的老人周围，他斜倚在一个塞满东西的电动轮椅上。老人几乎是纯白的。他那瘦骨嶙峋的手摇摇晃晃地举起来去接证书。

就在这时，出现了响动，节目中的每个人都转过身来看着被撞开的前门。一名卫生部官员大步走进房间，一脸严肃。

"您是来祝贺爷爷生日的吗？"一位似乎是女主人的妇女问道。

"恐怕不是，夫人。我们按照这个地址在找一个年轻人。我们看见他今天下午匆忙地从地铁站回家。"每个人都透不过气来。一个16岁左右的男孩被领了出来，低着头，两手插在口袋里。

"好了，孩子，"官员说，"他们在学校都给你教了什么？"

"给你自己找麻烦，让你的生命白白浪费掉。"男孩顺从地重复了一遍。

"没错。你应该尽早养成不费力的习惯。你想活到150岁，像这个家伙一样，是吗？"

"当然。"男孩说，看了一眼贵宾。

卫生部的官员拍拍男孩的肩膀，哄他笑了。"我相信你们没有问题，"他对女主人说，"现在享受你的派对吧。"他带上门离开了。

卢茨扬叹了口气，在妻子的头顶上吻了一下。

他走到睡觉的地方，翻身到了他的卧铺床上。他想起了当天的俱乐部活动。罗扬带来了一盘旧的体育录像带。画面上一个人在一条古老的街道上赤脚慢跑着。水从那人身上倾泻而下，他的嘴唇在颤抖，但他的头却很平稳。他的腿和胳膊很瘦，但肌肉很发达。他不停地慢跑，就好像永远不会累似的。

"我敢打赌他第二天就死了，"道纳尔说，"这样消耗自己。"

"我不知道，"罗扬反驳道，"曾几何时，人们认为这样慢跑很好，他们认为你越强壮越好。"

大家都笑了。

"没错，罗扬，"道纳尔说，"他们也认为吃生食品也能打败药物。对吗？"

卢茨扬打开他的被子，想睡得舒服些。但是他无法忘记那个人的脸。

逃跑计划

此刻，卢茨扬不知道该从哪条路逃到走廊，以躲避卫生部的特工，他随便选了一条路就匆匆走了。他左拐右拐，沿着一条又一条光线暗淡的过道小跑。最后，他跌跌绊绊地到了一个地铁站。有几个人正等在那里，还有几个人朝他的方向瞥了一眼，但没有任何特工的迹象。卢茨扬认为他的运气还不错。

一列地铁在他面前滑行着停了下来。他钻了进去，找了个位置坐了下来。车速加快的同时，卢茨扬的耳朵里响起了一个微弱的声音，提醒他要去的目的地。他在面板上按下了自己家所在的站名图标。当他瘫倒在座位上时，他开始意识到事情的严重性，他在俱乐部的朋友们会被监禁起来，受到监视。卫生部将会使用药物来调整他们的态度。他们做梦也不会想到去慢跑了。

但更糟糕的是，卫生部也会知道他的情况，有人会泄露他的信息。卢茨扬吃惊地坐直了身子，他们可能马上就去他的家了！他们会等着他的！他必须迅速作出决定。然后他想起罗扬在他刚加入俱乐部时就警告过这种可能性。

"它已经在你的接收器里了，"罗扬曾和他说，"以防我们被发现。"只要输入密码就行。密码是……"

我的天！卢茨扬想。密码是多少？他努力保持镇静。他在口袋里摸索着寻找接收器，同时看了看地铁地图，来确定自己的位置。离换乘还有3站。幸运的是，他想起密码了。"Fixx，"他对着接收器低声说，"F…I…X…X。"

一个区域和建筑的编号出现在他接收器的小屏幕上。卢茨扬感到既放心，又担心。他知道现在可以去哪里，但他会在那里找到什么呢？米拉该怎么办呢？能回到家里，待在妻子的身边对他来说突然变得如此美妙。她的警告在他耳边回响，也许她是对的。那个无聊的慢跑俱乐部会让他倾家荡产。

一个柔和的声音从卢茨扬座位的头顶发出来。"请在下一站换乘F-3号线。"

卢茨扬再次检查了他的接收器上的地区编号，然后在面板上按下了一个新的目的地。扬声器里发出了更新的指令："请在下一站继续停留在车厢，你将在V-35号地铁站换乘。"接下来，地铁停在了卢茨扬该换乘回家的地方。他没有下车，看着墙上独特的图案渐渐消失。随着熟悉的车站在他的视野中消失，一股寒意袭上他的脊梁。

下车的地区位于卢茨扬居住的大都市郊区，靠近一个被遗弃的区域。他从地铁里出来，在阳光下眨着眼睛。这里的街道上没有遮挡物，皮肤直接暴露在阳光下的可怕警告充斥着卢茨扬的脑海。当路边人行道上的传送机载着他快速移动时，他有点儿分神，几乎无法跟上建筑物的编号。

最后，他看到了正确的号码，走下了传送机。这座建筑是一个巨大的破旧仓库，奇怪的是，巨大的门面只有一个正常大小的入口。找不到

第七章 慢跑俱乐部

按钮和面板,卢茨扬敲了敲褪色的木门。

"进来吧。"他听见有人叫他。

他走进一个小房间,里面只有剥落的墙纸和一个坐在桌子后面的相貌平平的男人。那人什么也没说,只是好奇地看着卢茨扬。

"我……我参加了一个俱乐部,"卢茨扬结结巴巴地说,"一个慢跑俱乐部。卫生部的一些执法人员冲了进来,但我逃了出来。我根本就没回家。"卢茨扬悲伤地摊开双手,"我什么都没带就来了。"

很长一段时间,这个人没有说话,只是盯着他。最后,他问卢茨扬:"密码是什么?"

"Fixx,F…I…X…X。"

"是谁给你的?"

"是罗扬·克雷尔(Royan Krel),他是我们俱乐部的头儿。我想那些执法人员把他和其他人一起抓起来了。"

禁止慢跑的未来世界。

"你是……？"

"卢茨扬·吉恩（Lucjan Ginn）。"然后，卢茨扬又毫无必要地说道："我的妻子是米拉·吉恩。"

那人从抽屉里拿出一个细长的阅读器，用拇指按了一下按钮，然后查看了一下屏幕。他显然很满意，一边按了一下桌子底下的东西，一边说道："从那里过去，先生。"卢茨扬旁边的墙体沿着一条隐藏的缝滑开，露出另一扇门。门轻轻地被打开了，一个巨大的充满光亮的内部空间映入眼帘。卢茨扬走了进去，看到这一切，他不得不屏住呼吸。在他脚下，有一条宽阔的椭圆形操场。明亮的白线沿着操场划出了许多跑道。那里或许有100个慢跑者，有的在砖红色的跑道上昂首阔步地锻炼，有的伸开四肢躺在鲜绿色的内场上休息、聊天。跑道上一些人以笨拙的、不均匀的步态运动着，卢茨扬对他们的动作很熟悉，因为和他自己所在的俱乐部里的情况一样。还有一些人，和他在录像带上看到的那样优雅地跑着。

"真了不起，你说呢？"一个留着蓬乱的白色山羊胡的小个子男人出现在卢茨扬的身旁。卢茨扬一看他穿的服装就是古代的运动服。那人说话时尖尖的喉结在他坚韧的脖子下上下跳动。"等给你安顿好之后，我们马上就把你带到那里。"

"这是什么地方？"

这是我们的秘密场所，是一个快倒塌的仓库。如果用惹眼的大圆顶罩起来，我们就不可能藏得太久。对吧？"

"但你是谁……这些人又是谁？"

那位男子笑了。"我们是谁？我来告诉你我们是谁。我们就是你。我们都是和你一样的人，受够了卫生部操控我们的生活，让我们变得虚弱，给我们毒药。你是我们小团队的一员。我们有很多团队，你知道，它们遍布在这个大都市和其他的城市。我们正在为我们可以站起来、夺

第七章 慢跑俱乐部

回我们的生命的那一天而训练。"

就在这时,下面的跑道上发生了骚动。是一位年纪较大的跑步者,卢茨扬觉得这个人和他年龄差不多。他本来跑得很猛,但后来突然开始东倒西歪。卢茨扬惊恐地看着那个男人紧抓着自己的胸口,表情很痛苦。一秒钟之后,那人笨拙地摔在跑道上,一动不动。两名服务人员突然出现在跑道上,其中一人推着轮床。他们弯下身子,把那人软软的身体抬到轮床上,盖上一张白床单。他们慢慢地推着轮床离开时,一些跑步者不得不停下脚步让他们通过,但除此之外,下面的活动和以前一样。

"这里到底是什么?"卢茨扬看着他身边的那个人,大声问道。那人平静地扯了扯山羊胡子,好像陷入了沉思。"到这边来,"他拉着卢茨扬的胳膊说,"也许我们现在应该去参观圣殿。它会帮助你理解。"

他们走到一组双扇门前,那名男子在传感器上挥了挥手,门开了,屋里充满了暗淡的蓝光。天花板是由一系列拱门结构组成的。平整光亮的铝制长凳整齐地排列着,看起来像是一个祭坛。坛后面的墙上挂着一幅巨画,画中是一个有点矮壮的男人,一头长长的卷发,穿着运动短裤和一件运动衫,每个袖子上都有白色的滚边。这名男子迈着大步径直走过去,从向前跨出的腿部可以看到他发达的肌肉,他的双手放松地垂在身体两侧。

"这是我们的守护神,我们的学者,"那人说道,"我们的第一位殉道者,詹姆斯·菲克斯(James Fixx)先生。你看,他献身于跑步,为跑步而活。他写出了我们的'圣经'。过来看一看。"

他们走近圣坛,在一个坚固的玻璃柜下面,放着一个卢茨扬起初不认识的东西。它是长方形的,顶部已经褪成了淡粉色。上面有一些白色的字母,几乎看不出来。卢茨扬很费劲地辨认了出来。"……完整的……书……"他大声说。当然,那是一本书。在卢茨扬还是个孩子的时候,周围还有书,但那是很久以前的事了。"一本完整的……跑步全书。"

"我们认为这是现存的唯一的一本。它非常古老，非常珍贵。"

"你说他是殉道者？"

"是的。你看，跑步给了他一切。它使他恢复了元气，又重新塑造了他。他每天都跑步，也带动了许多人跑步。他们称之为'跑步热潮'。但是医生发现他的心脏不太好，告诉他不要再跑，跑步会要了他的命。但他不愿停下来，他选择了跑步，或者我应该说他把跑步看作自己的生命。当然，医生们是对的。一天，他们在路边发现了他。正如他们所料，他的心脏已经衰竭了。"

"真遗憾。"

"遗憾吗？不，一点都不。这是他的自愿选择。现在，他向我们展示了如何从卫生部给予我们的、称之为生命的活死人中恢复自己真正的生命。我们所有人都选择了跟随他的步伐。我们心甘情愿地放弃漫长而毫无意义的生命，去寻找我们自身的某种——哪怕只是为了那一刻——值得活下去的东西。不过，你已经知道了。不然你为什么会来我们俱乐部？"

"可是下面跑道上的那个人怎么办呢？他为什么会倒下？"

"要成为我们中的一员，你必须首先放弃药物。它们让你变得脆弱。只要你服下那种毒药，你就不可能成为一个跑步者。不幸的是，没有这些药丸，衰老的过程就会加剧……这个，你已经看到结果了。你现在年纪多大了？"

"110岁。"卢茨扬回答道。

"所以，如果继续服药，你还可以再活40年左右。可在这里，你最多可以维持10~15年。"

卢茨扬感到有点吞咽困难。

"这由你来决定。如果你选择回家，你就可以自由地回去。你只需要一个简单的程序把我们从你的记忆中清除即可。它是无痛无害的。或者你可以和我们在一起，拥抱生活。这取决于你自己。"

第七章　慢跑俱乐部

卢茨扬选择留下来，但他只坚持了一周。当他试着适应那些取代他药物的水果和蔬菜时，他的胃一直都感到不舒服。晚上，他翻来覆去地睡在他那没有问题的床垫上。他酸痛的肌肉是一种对他的持续的折磨。当他得知进步只能来自对自己的鞭策，这远远超出自己的舒适水平时，他的兴奋感很快变成了恐惧。其他的跑步者一遍又一遍地提醒他——"没有痛苦，就没有收获"，直到他准备尖叫为止。多年的懒惰松弛的不仅是他的肌肉，而且还有他的思想和意志。

他想念米拉。回想起整天和她待在公寓，观看她喜欢的节目，和她聊隔壁单元的邻居，他不知道这会有什么错。他怎么能只是为了跑步就放弃和她这么多年的相守？

一周之后，卢茨扬找到了那个留着白山羊胡子的人。"把记忆程序给我，"他说，"我想回家。"

家

几个月之后，米拉和卢茨扬俩人正躺在一张躺椅上，欣赏着米拉最喜欢的节目，突然，他们面前的场景消失了，一道介绍特别新闻报道的脉动式的红光出现了。一个新闻广播员出现在他们面前，身后是报道的现场。

"……在V区发现了一大群持不同意见者……"这位女播音员说道。

在她身后，两名卫生部的执法人员正在与一名躺在地上试图从网中逃脱的男子搏斗。其中一名执法人员用膝盖顶着那人的脖子，强迫他低下头，使他下巴上的山羊胡子摩擦在地面上。那人仍旧拳打脚踢地挣扎着。

从现场传来的声音低于新闻播音员的声音，但还可以听到那个人大声喊道：

"'我们重申……我们与古代人有亲缘关系，甚至与这之前的野兽的亲缘关系。这……是我们的秘密，我们每次去跑步时都会分享。'这是詹姆斯·菲克斯的话，你们这些傻瓜！听我说，傻瓜，听我说！"执法人员把一根针扎进那人的脖子，他就一动不动了。

卢茨扬摇了摇头。"我的天呐，真是个狂热分子，"他对米拉说，"对我来说就是这样，我要睡觉了。"卢茨扬起身离开，让米拉一人去看新闻广播。她看着执法人员把那人拖走。不知什么原因，她想起了卢茨扬失踪整整一个星期之后回来的情景，他回来的那天早上，整个人失魂落魄、迷迷糊糊。她肯定这和他常去的那个可怕的俱乐部有关，但他发誓说他不知道她在说什么。

与此同时，卢茨扬在浴室里洗完了澡，然后滚到他的卧铺上。床上的探头浮上来开始工作，轻轻推了推卢茨扬肩膀和背部的几个穴位。卢茨扬深深地叹了一口气。他侧着身子睡着了，脑子里什么念头也没有。

第八章　没有谁是一座孤岛

跑步是一项个人运动。你可能会从强大的支持团队中受益，可能会有一群你所在的俱乐部的跑步同伴为你加油。你跑马拉松赛时，可能到处都是很优秀的救助站和成千上万的志愿者。你的背后可能有一个庞大的基础设施，给你一个打破个人最好成绩的机会，但最终，每一步要你自己来跑，只有你自己坚持完最后1英里到达终点线，没有人能代替你跑。这就是跑步的本质。你的成就是你自己的，有人说跑步是赢得自尊和自我满足的源泉，部分原因就在于此。

但是，当你似乎耗尽了所有的精神和身体资源，并且确信认输是唯一的选择时，往往是来自外部的某种东西点燃最后的火花。你是否有过这样的经历：在5英里或者10英里赛的最后1/4，你相信自己已经尽了最大的力量，但是，即使后面有一只熊追过来，你也没法加快步伐，眼睁睁地看着多年来你一直试图击败的选手刚好就在你的前面。这个时候，你发现了另一样东西。

或者说，你是否有过这样的经历：你在马拉松比赛最后1英里垂死挣扎，感到过去的3个小时差点要了你的命，然后看到一个小孩子，他的步伐竟然和你的一样大。此刻，给这个小孩更多的力量，他可能就是梅屈里（Mercury）以来最伟大的跑步神童，但不知怎么的，你发现自己能够加快步伐，以确保你的最终成绩不要落在13岁的斯帕基·斯帕科利诺（Sparky Sparkolino）的后面。

试着从你的朋友那里得到一点帮助

当你在训练或比赛的时候，可以利用同伴的力量，不管是你迫切需要能力上的提升，还是只想暂时把注意力从地狱般的跑步中转移开的时候。跑步时，你很容易变得过于专注自己的内心，过于依赖你正在做的事情，希望别人能够介入并提供你需要的帮助。

几年前，在里约德尔拉戈（Rio Del Lago）100英里长跑中，我经历了一次接受帮助的经典案例。在这场100英里的比赛到达极限的时候，让我有了对这清晰的一刻的体验，其中的经验教训可以适用于任何跑步的情况。这一年，我独自一人参加比赛。周日清晨，天还没亮，我就到了大约80英里外的救助站。当我一屁股坐在露营椅上，开始为下一段赛道的比赛准备水袋时，我感到精疲力竭、全身酸痛。碰巧的是，这条赛道来回绕了一圈，而我所在的地方实际上离终点只有5英里远。然而，为了继续比赛，在最终回到我坐着的地方之前，我不得不朝着终点的反方向前进。我怎么也忘不了，那条终点线离我很近。

我感到疲惫不堪，突然间，整个挣扎的过程让我感到无法忍受。回头一看，我发现援助站就在一个大停车场旁边，那里有成群的志愿者和给选手提供支持的人员，即使是在半夜，他们也来回不停地忙碌着。我意识到，搭车去起点或终点线，回到我的车里，是一件很容易的事情。而且，我住的酒店离那里只有5分钟的车程。我几乎可以在不到15分钟的时间里离开这把椅子，从这场比赛的折磨中走到一张温暖舒适的床上。按这个想法采取行动的冲动压倒了一切。

第八章　没有谁是一座孤岛

找保罗去谈

就在那时，一个志愿者看到我坐在那里，就走了过来。"您怎么了？"她问道，"要我帮忙吗？"

"实际上，"我答道，"我在考虑放弃比赛。"

她看了看表，久久地盯着我，然后说："你得和保罗谈谈。"

"好吧，"我说，"但我可以从这里搭便车到起点或终点，对吗？"

"找保罗去谈吧。"她说完就消失了。

我一动不动地坐在那里，低着头，思考着放弃的决定。我的决心崩溃了，我想不出继续坚持下去的理由。这又有什么关系？我之前已经完成过这种比赛，所以如果这次没有成功又有什么大不了的呢？谁会在乎呢？不值得继续坚持，而且总会有下一次的。

然后保罗走了过来。他是个中年人，胡子修得整整齐齐，穿着连帽衫，戴着棒球帽，他蹲在了我面前。他身体瘦削，行动自如，好像整夜在救护站工作对他来说不算什么，他显然也是一个跑步者。他看了我一会儿。

最后，他开口了："我知道你的感受，我自己也有过，有过无数次了。"

他就说了这么多，但这就像天行者卢克（Luke Skywalker）发射质子鱼雷到死亡星球（the Death Star）深处一样。他的话深入我的脑海，巧妙地避开了所有反对的高射炮，钻过狭窄的隧道，然后在我黑暗的思想中爆发出火焰和光亮。我并不是孤军奋战。我把我的痛苦感受告诉了保罗，他过去也承受过这样的痛苦。我和所有其他在我周围跌跌撞撞的跑步者一起分享了这种感受。大家都感觉很糟糕，不只是我一个人。他们也想退出，不只是我一个人。

"放松点，"保罗继续说："给自己10分钟，喝一些冰水，然后站起来，开始沿着赛道走。你有足够的时间，别停下来。这招对我很管用。"

我听从了他的建议，很快就在黑暗中重返赛道。我唯一的目标是下一个援助站，然后我想可以对遇到的情况进行重新评估。但接下来发生的事情和自己想的不一样。我一口气跑完了最后20英里，丝毫没有怀疑自己是否能坚持到最后。整个比赛中，就在脆弱的一刹那，看着很近的终点，让我无法抗拒放弃的念头。但是保罗用他简单而真诚的话语纠正了我。他理解我的痛苦，觉得我可以克服它。这也是我想听到的。

利用其他跑步者来引导你的思维，远离你自己的狭隘思想，通常会帮助你回到积极的心态。当你意识到自己的言语已经变得消极，或者你正明显地经过一个"低谷"的时候，开始和你周围的跑步者交谈。仅仅和另一个人交流，就会让你分心，让你忘掉你和你的感受。另外，一旦你开始和某人交谈，你就会发现，事情不像你想的那么糟糕。毕竟，即使在你感觉很糟糕的时候，依然可以表现得很正常，和别人相处得很好。谈话也会引导你去思考其他事情，而不仅仅是你的感受。只要你专注于讲一个笑话，或者倾听另一个选手的跑步经历，你就在比赛中取得了进步，而不会让消极的想法毁了你。

当你感到累的时候，跑步者的队伍可以推着你往前跑。

第八章　没有谁是一座孤岛

如果你不想说话，你仍然可以和另一个选手建立联系，而不需要说什么。你只要把注意力集中在这位选手身上，然后跟着跑。假想那个人把你向前拉或者把你拉到山上。

站在跑步者的队伍中，把注意力集中在你前面选手的脚上。和其他人保持同样的节奏，放松，想象这支队伍在帮助着你前进。

我曾经参加过一次马拉松比赛。比赛中，突然刮起了一阵大风，我突然觉得要保持一直在争取的比赛速度，难度增加了一倍。我开始跟跑。如果我选择的选手跑得不够快，我会一个个超过他们。当然，跟跑陌生人并不是一件很酷的事，但我尽量与我跟跑的选手保持足够的距离，以免惹人讨厌。不管怎么说，我花了很多时间专注于跟跑，跟在别人后面，然后计划着超过另外一个个选手，这样，风中艰难的跑步阶段很快就过去了。

有一年，在旧金山马拉松赛上，我和我的朋友迈克（Mike）一起跑步。迈克是一名陆军上尉，他搬到了我们街区来住，成了我的训练伙伴。他穿着一件T恤，T恤正面有一个大大的、红色的、一眼就能看见的加拿大枫叶图案。在我们跑的过程中，时不时地，实际上几乎不断地有人对我们大喊："加拿大！加拿大！"迈克会优雅地挥手并点头表示感谢。整个比赛中都是如此。当我们到达终点线的人群时引起了不小的骚动。

当然，我非常高兴。所有的喧闹都会让人分散注意力。我有点像漂浮在迈克的加拿大式激励的泡泡里，几乎没有注意到我正在跑马拉松这个事实。在我们脖子上挂着完成比赛的奖牌，肩上披着太空毯，一起前往提供食品的帐篷时，我转身问迈克："你是加拿大出生的吗？我都不知道你来自加拿大。"

"没有啊。"他说。

"那你曾住在加拿大吗？"

"没有。"他回答说。

"你跟加拿大一点关系也没有？"我问道。

"没有，什么也没有，我只穿了这件T恤而已。"他笑着说。

仅仅是无意中听到其他跑步者的评论就可以转移注意力。我在旧金山跑马拉松的时候，又一次听到身后有人说："倾听你身体的声音，只是倾听你的身体的声音。"我放慢了速度，一对男女从我身边跑过。这位干练的男士身穿柔滑而协调的运动服装，在他身边跑着的显然是一位正在挣扎的女士。很明显，这家伙在他的舒适区里跑得很自在。他边平稳地往前跑，边滔滔不绝地给那位女士出主意。就这位女士而言，她看起来快要崩溃了。"倾听你身体的声音。"他不停地说，这似乎是他的全部训练策略。我确信她的身体在无声地告诉她，她快要死了，我也确信她最想要的是她的跑步伙伴闭嘴，这样她就不用听他的了。

我加快速度，想躲开这两个倒霉的家伙，但很快就遇到了一个长着一头浓密卷发的年轻人，他一阵风一样地跑过来，边跑边对周围的选手说："嘿，我是一台跑步机，宝贝，一台真正的跑步机。"我们当时大概跑了一半的赛程。那时我对马拉松还没有太多的经验，但我可以猜想，那位自称跑步机的年轻人可能会在比赛的后半程有不同的想法。他继续往前跑，消失在了视野当中。果然，大约5英里后，我在人群中看见了他与众不同的发型。他正在穿过唐人街的一个稍微有点上坡的路段上。他低着头，看上去疲惫不堪。他不再让周围的人知道他是一台会跑的机器。在接下来的几英里，我一直在想着他的困境，让我忘了自己可能已经陷入了死亡行军模式。

在此，我不是在推广任何具体的策略。我不是要你穿一件加拿大的T恤，或者寻找宗教信仰，或者把时间花在偷听其他跑步者的说话上。我想说的是，如果你把注意力转移到周围的人身上，就可能会为你打开一点精神上的空间，在你可能正在挣扎的时候占据你的思想。当我出去跑步的时候，我甚至会和路上遇到的所有小狗聊天。我告诉每只小狗它

第八章 没有谁是一座孤岛

我甚至和一路上遇到的所有小狗聊天来分散我的注意力。

们是多么可爱。有那么一小会儿，我的状态不错，想着小狗，想着它们有多么可爱，从而忘记了我在跑步，忘记了我有多累。

马克·吐温（Mark Twain）国家森林之夜

当然，在里约德尔拉戈的经历教会了我，你可以深陷精神上的深坑，但如果你对外界的帮助保持开放的心态，就仍然可以摆脱它。我坚持这一原则的最后一次经历是在另一次100英里的比赛中。当时也是在深夜，这次是在密苏里州中南部的马克·吐温国家森林里，在奥扎克小径（Ozark Trail）上进行的100英里耐力跑。我和我的长期跑步伙伴罗布·曼在一起，当我们在黑暗的森林里跑步时，我意识到自己有一种"休眠"的感觉。

理论上，除了它有100英里长这一事实外，奥扎克100英里赛似乎并不是一次艰巨的挑战。森林地形起伏，但海拔变化不大。这里没有山，也没有陡峭的岩石去攀登。这里是密苏里州中部，不是科罗拉多州西部，11月初的比赛日期预示着不会有高温和烈日。然而，这次比赛也出现了一些意想不到的事情。

最重要的是，整条102英里的单向赛道上覆盖着大约3英寸厚的枯叶，掩盖了许多岩石、车辙和树根，它们几乎在整个赛程中经常出现，让选手们面临绊倒的危险。没过多久，你就学会了如何适应这条路线：放慢速度，双脚比平时伸展得更宽，比平时跑得更直，几乎每跑一步都要用脚板向前探路。你越接近于模仿一只奔跑的鸭子，就表现得越好，但是无论你怎么做，都仍然难免绊倒或者摔倒。

5点钟比赛在黑暗中开始，起点是一条毫不起眼的乡村公路上一个毫不起眼的小路口。我们一开始跑，就进入了森林当中，周围除了树什么都没有。在整个赛程当中，都显现不出人类文明的痕迹。在跑了一整天之后，漆黑的夜幕在下午6点钟降临，在接下来的13个小时里我们没有停歇。你感到迷失在了不为人知的地方，光线就好像已经离开了这个世界，再也不会回来了。时不时地，你会跑出森林，来到荒芜的沥青路面或空荡荡的吉普车道上，但这只会更显你的孤独。然后你又会回到森林当中。晚上的赛道有点像《女巫布莱尔》（*Blair Witch*）里的情景。黑暗和灰色的世界里，阴影不断地在你周围跳跃。无数双绿色的蜘蛛眼睛从森林地面上对着你闪闪发光。由于小路隐藏在枯叶之下，所以你必须猜出树林的哪一个出口才是你正确的道路。

因为各个救助站相距很远，所以慢慢长夜在这段赛程中显得更加难熬。通常情况下，每五六英里就会设立一个救助站，这样每个救助站之间的跑步时间可以保持在一个半小时左右。奥扎克100英里的赛程中，夜间赛段的救助站相隔分别为9英里、10英里和8英里。因为跑了一天，深夜10英里的距离大概会花3个小时，这段赛程在没有尽头的森林当

第八章 没有谁是一座孤岛

中,脚下不断有埋在树叶下的石块,在看不见的地方,还得用双脚不断地探路,我们一直担心会不会迷了路。在这3小时里,绝望、凄凉的感觉比平时增加了一倍。我们称这部分赛段为"谋杀者之路(Murderer's Row)"。

当我们到达通往贝里曼营地(Berryman Campground)救助站的最后一段8英里长的"谋杀者之路"时,我的身体状况已经很差了。通常我和罗布一起跑步的时候,俩人总是喋喋不休。我们讨论跑步计划,玩小游戏,讲笑话,谈政治,谈家庭,一起赌咒发誓,一起发疯,相互说些不着边际的话。我们俩不管谁出了状况,我都能够发现,例如,我们不再聊天,回答问题时只有一个词,或者不再大声抱怨,而是一言不发地往前跑,迷失在痛苦和折磨的世界里。

还没有到达贝里曼营地的时候,我就有了一种"休眠"的感觉,我感觉到了它的存在。我内心感到绝望,夜晚永无止境,所有的一切对我都是伤害。穿过铺满树叶的路面,像鸭子一样向前跑,简直太折磨人了。我不想说话,也不想继续战斗,只想结束这一切。我准备放弃,但是最让我感到沉重的事情是担心这样做会拖罗布的后腿。我们刚刚在加州圣地亚哥的100英里长跑中有过一次糟糕的经历,因为我们不想淋雨受冻,所以我们几乎是在互相怂恿下才放弃的。

事实上,在圣地亚哥发生了一件不寻常的事。在援助站的时候,情况很糟糕,我们遇到了一名志愿者,他完全赞同我们退出。"前面是什么?"我们盯着一段陡峭的供吉普车通行的上坡道问道。这是下一段赛程的赛道。一阵小雨之后,路面很快就泥泞一片。"前面是一座大山,"志愿者带着不祥的语气回答道。"有几个非常优秀的选手刚返下来,他们都摔倒了。他们说上面的天气糟透了。"我们停了下来,面面相觑。

"这是整个比赛中最长的一段爬坡路段。"志愿者无奈地补充道。

我把带来的衣服都穿上了,但还在发抖。罗布看上去就像一只溺水的老鼠，他似乎看都不想看一眼我们将要去爬的那条陡峭的路段。志愿者鼓动我们说："我们这里有一辆温暖的露营车，你们可以爬进去。有选手已经在那里了。"

关键时刻

关键时刻到了。我想如果我们上了那辆露营车就再也回不来了，惰性会把我们困在那里。所有想要继续战斗的欲望都将融化在温暖舒适的环境当中，坐在一个温暖的地方，让你屈服于疲惫的感受。我不确定是我们俩谁说的，但的确其中一人说："我们放弃吧。我受够了。"然后，要么我同意了罗布的观点，要么罗布同意了我的观点。志愿者打开了露营车的门，同时也决定了我们的命运。

我们俩从来没有怀疑过这是我们跑步生涯中做过的最愚蠢的决定。露营车里的其他两人也帮不上忙，这也不足为怪。他们看起来都像是遭遇了超速行驶的麦克卡车（Mack trucks）一样。他们一个蜷缩着躺在露营车的床上，一动不动，好像已经累得没气了。另一个从椅子上探出身子，低着头，胳膊勾在一根柱子上，随时会倒在地板上，也可能已经累得快要死了。

罗布和我坐在那里，互相看着对方，一直持续了有两分钟，我们似乎做了正确的选择，温暖的露营车是天堂。这场比赛实在太折磨人了。是我们一起决定放弃的，又不是我一个人退缩的，反正有罗布陪着我。不过，没过多久我就感觉好多了。如果我们进露营车的时候，只是想着暖和暖和身子，然后再回赛道，那样将会更好。但是我们已经没有了退路。我们告诉志愿者我们已经放弃了比赛，要求他们载我们到终点，当我们扔下水袋，将它丢在露营车地板上的时候，我们就已经放下了所有对放弃比赛的心理防御。

第八章　没有谁是一座孤岛

漫漫长夜，满地枯叶和无尽的黑暗森林。

所以在密苏里州的比赛中，我想再次退出，但不想强迫罗布也这么做。我已经精疲力竭了。10分钟里我没说一句话，只是机械地跟在罗布后面，在单向赛道上艰难地跑着，努力让身体直起来，像鸭子一样往前跑。在到达下一个救助站时，我已经陷入了越来越深的绝望当中。最后，我用世界上最微弱的、颤抖的声音轻声说道："罗布，如果我在贝里曼放弃比赛，你还会继续吗？"

罗布一刻也没有犹豫，他转身喊道："我们不会放弃！你就打消了这个念头吧！"

我惊呆了。我深陷在痛苦的深渊之中，感觉我最后的决心已经被埋在树叶里了，但这次罗布的表现完全不同，他已经吸取了圣地亚哥的教训，并将其用在了这次比赛上。如果他的回答听起来不是那么肯定，如果他的决心有一点点动摇，我可能就会动摇，但事实上，他就像一个洞穴探险者，已经探到入我的痛苦的洞穴，并把我拉回到了地面上。

这让我接着往下跑，此刻，我至少在思考着各种可能性。"如果这样继续下去，在下一个救助站我需要睡一觉。"我说。

"可以。你可以小睡一会儿，然后我们继续，决不放弃！"

终于到了贝里曼营地，简直太意外了。那里的志愿者让我在一张空桌子旁坐下，找到我的袋子，把里面的东西倒在桌子上，这样我就不用弯腰去找我的东西了。一条羽绒被披在我的肩膀上，还给我们提供汤和三明治，让我感觉就像在一家高档餐厅里一样。与此同时，罗布正在熟练地为一些水泡做穿刺、消毒和包扎。我盖着羽绒被睡了15分钟，又喝了些汤，为下一段赛程做好了准备。我从悬崖边返了回来，再次准备出发。

我们踏着这条小路，经过漫漫长夜之后，迎来了第一缕曙光。很快，我们就不需要灯光了，原来全是灰色的世界逐渐变成了棕色、橙色和金黄色。随着黎明的到来，我感到更加精力充沛。这是你在跑了一整夜之后，你的生物钟将你唤醒，让你精力充沛地面对新的一天。罗布救了我。他让我甚至连想都不能想放弃的出乎意料的强硬态度起了作用。如果让我自己去决定，我一定会在贝里曼露营地就放弃了。在罗布的帮助下，在救助站精心的治疗下，我得以继续前行。

我们两人那天唯一的争论发生在离比赛结束的最后1英里。我想步行到终点，来细细品味最后的胜利。罗布想冲向终点，以有力的方式结束比赛。我俩都做出了让步，先步行了一会儿，然后在离终点1/4英里的空地上加速。我们都拿到了完成比赛的扣形徽章，但毫无疑问，在我心里，我欠罗布一枚徽章。

你可能在跑步过程中经历过黑暗。热情荡然无存，双腿麻木，你的态度消极到了极点。请记住，除了两个显而易见的选择，即放弃比赛或把自己从恐惧中拉出来，还有第三个选择。或许有人会在你身边帮你一把，要意识到有这种可能并且找到它。

第九章　为自己而跑

市场大道（Market Street）是旧金山的主要街道，这是一条宽阔的林荫大道，它以对角线的形式连接城市的两头，把整个城市分了开来。这条大道上经常挤满了小汽车、公共汽车、电车、行人、无家可归的乞丐和不知所措的游客。然而，1984年8月的一天，为了举办旧金山马拉松比赛，市场大道的一长段道路被封锁了。在比赛的最后1英里，我站在了市场大道尽头的英巴卡德罗中心（the Embarcadero Center）雄伟建筑的阴影下。这是我第一次参加马拉松比赛。沿着市场大道，选手们汇

海湾边的城市。

成了一条河流，由于地势的上升，我可以一直看到马拉松运动员在大约1英里外的地方离开市场大道，在市政厅前完成比赛。

人们在欢呼，太阳露出了脸。对我来说，这个城市是一个陌生的、让人有被吞噬感的、不真实的地方。很难相信我竟然在那里，投入到这场马拉松的奋力角逐中。这是我跑得最长的一次。一开始我根本不知道那天会是什么结果，而此刻，我差不多就完成比赛了。令我吃惊的是，在我前面有一半以上的选手是步行的。值得赞扬的是，他们走得很快，在人行道上大步往上坡走。显然他们更喜欢跑步，但到目前为止的25英里使他们屈服了。

我则没有遇到这样的问题。我本来很想放弃，然后走上一段路。我腿上的每一块肌肉都很疼痛，我在几英里前就跑不动了，实际上都精疲力竭了，但我坚持了下来，继续跑。奇怪的是，我感到最痛的地方是我弯曲的肘部。在整个比赛过程中，我一定是把胳膊抬得过高，贴着胸口，自己都没有意识到。我的小前臂在我面前晃来晃去，看起来就像一头跑在街上的霸王龙。

好的一面是，第一次参加马拉松跑完最后1英里时，我的肾上腺素激增，我从行人身边经过的时候，就像他们站着不动一样。能在这样的磨难结束时还能继续跑是一件很神奇的事。为了这一天的比赛，所有的训练，所有的期待，所有紧张的神经，都已经统统抛在了身后，我觉得自己好像在飞。事实上，我正在经历一场典型的大城市马拉松比赛。

旧金山马拉松赛始于1977年，当时有1000名选手参赛，线路主要在金门公园（Golden Gate Park）一带，并围绕附近的默塞德湖（Lake Merced），然后在俯瞰太平洋的高速公路上有一段赛道。直到1982年，组织者才策划了经过该城市的路线。

他们的愿望是让旧金山成为美国最重要的马拉松赛事之一，并取代纽约和波士顿马拉松的地位，这得到了时任市长戴安·范斯坦（Dianne

第九章 为自己而跑

Feinstein）的全力支持。范斯坦市长也想展示他的城市，所以正是范斯坦批准了在金门公园一带举行比赛。旧金山独特的天气让人们有了在盛夏举办大型马拉松比赛的新奇体验。1983年，这项比赛成为美国第一个为每名选手颁发奖牌的马拉松比赛。到1984年，比赛已经发展到7000名参赛者，所以当我沿着市场大道跑向终点时，感觉一场重大的、积极进取的、在全市范围内举行的顶级马拉松比赛就在跑步热潮的黄金地段举行。

我们穿过教会区（Mission District）、金门公园、玛连纳格林大草坪（Marina Green）及普雷西迪奥（the Presidio），看到了金门大桥。我们还穿过了唐人街和海特-阿希伯利（Haight-Ashbury）街区。然后，我们经过了伦巴第街（Lombard Street）和渔人码头（Fisherman's Wharf），还可以向外眺望阿尔卡特拉斯岛（Alcatraz）。我们一路上经过的都是人行道，腿脚感觉都很硬，但附近总有跑步的选手，当然还有世界上最独特、最为美丽的城市，以及让人分散注意力的风景。我冲过终点线，当胸前挂上奖牌的时候，有一块太空毯披到了我的肩上，我也瘫倒在市政厅前面的草坪上，我当时感觉自己仿佛跑了一辈子。我从头到尾都感受到了马拉松比赛让人难以置信的魅力。

当然，我并不孤单。到1984年，成千上万的人在跑马拉松，这种狂热只增不减。现在全世界每年有数十万人跑完马拉松。这一成就已经成为各行各业的人们追求的一个标志性的体育目标。值得思考的是，为什么马拉松会成为如此广泛和标志性的成就？

我认为答案就在准备和参加马拉松赛跑的过程当中，它把你带入了一个深刻的自我发现之旅。首先，没有人——也许除了少数人是例外——会满怀信心地参加马拉松训练，并相信自己会成功。跑过5英里的有经验的运动员会意识到即使是跑这么短的距离也是很困难的。而你现在是一次跑26英里，这似乎是不可思议的。即使是想到你会跑那么远，也是需要很大信心的。

然后是你接受的挑战和投入的时间。如果你是从0开始准备，可能需要至少6个月专注的训练。即便你已经有了足够多的跑步经历来打下坚实的基础，也得计划一个3~4个月训练来做好充分的准备。准备马拉松赛是一项大工程。就家庭和工作而言，你可能不得不把一些事情放一放，或者放弃某些东西，以便保证时间来完成跑步任务，尤其是关键时刻耗费精力的周末长跑。付出那么多努力，在整个过程中还要付出牺牲，你会发现成功对于你意义重大。

一旦进入马拉松训练周期，你可能会经历马拉松训练旅程中最值得注意的环节，那就是每周末或每隔一个周末将你的长跑延长到以前你认为不可能达到的距离。以前认为5英里已经超越了你的极限，结果会发现周末跑完了10英里，这让你感到不可思议。通过每周增加1~2英里的长跑，你的进步是可控的，但仍然每周都有新的突破，创造新的个人长跑纪录。当你能跑十八九英里，朝着20英里的距离前进时，你会在自己

你的周末训练将带你走过漫长而孤独的道路，有时还会遇到不太理想的情况。

第九章　为自己而跑

身上发现新的东西。随着1英里1英里取得进步，你发现了自己忍受痛苦和保持坚强的能力，你感受到了心态的重要性。当然，你会发现你身体方面的一切问题，什么会让你受伤，什么会让你崩溃，你需要吃什么、喝什么来让你继续下去。

随着所有训练的结束，比赛日期临近，紧张的情绪自然就会越来越强烈。前往比赛地并在那里过夜可能很复杂。比赛前一天晚上，你可能很难入睡。在比赛早上，你必须要吃东西，穿好装备，准时到达比赛场地。

最后，就是参加比赛了。26.2英里的现实是，这是一段很长的距离，没有人能在跑完这段路的过程中不遇到麻烦。你可能会在比赛的前半程一切都很正常，但在接近20英里的时候你就会感觉很难受。从20英里~25英里感受到的痛苦或许是你一生中从未经历过的，时间会变的很煎熬。然而，以前你把里程看作什么都不是，但现在你会在地平线上盼望着下一个里程标记，而它就好像永远、永远不会到来一样。

你会耗尽现有的能量，突然间跑不动了，你感觉只能挣扎着抬起胳膊和双腿，保持速度需要付出巨大的努力。但是，正是由于最后6英里的这种斗争和遇到的艰难，让你不得不面对真正的自我，正如有人所说的那样，去发现自己到底有多少能耐。跑马拉松不是一项团队运动，正如之前提到的，全程需要你自己来跑，你无处可藏，也没有人会给你发"免跑卡"。如何应对痛苦，能完成到什么程度，都取决于你自己。由此得出的结论是，无论你做什么，都会影响到你的荣誉，而且只影响到你自己的荣誉。

实际上，为自己而战，为自己的命运负责，是让人感到自由和振奋的。在跑马拉松时，不管在哪一方面你都不是旁观者。当我和其他选手一起跑步时，我总是感觉自己和马拉松路线上的观众之间有一道深深的鸿沟。我们选手陷入了一场意义重大的斗争中。我们像野兽一样搏斗，我们流血、流汗，满脸污垢。但是，只要我们坚持，克服挑战，完成比赛，我们就有变得伟大的潜质。旁观者们仅仅是又度过了新的一天而已，但对于选手们而言，他们可能正在经历生命中最美好的一天。

当你第一次跑完马拉松的时候，那种喜悦、放松和兴奋是无法形容的，整个拼搏过程突然变得有意义了。这是一个自我肯定的时刻，你取得了最伟大的成就。你一旦跑完了，这一成就就永远是你的，它永远不会被别人拿走或者从你身边消失。从那以后，当你面对生活中的其他挑战时，你会把完成马拉松作为一个试金石，不仅仅是比赛本身让你感到自豪，让你真正感到自豪的是为比赛做准备，设定一个崇高的目标，然后实现对自己承诺的整个过程。

我躺在市政厅前的草地上，身上裹着太空毯，两岁的孩子在我和妻子身上爬来爬去，等着看我什么时候能把她娘俩带回家。我敢打赌，我的成绩一定要好于3小时39分，至少应该是3小时30分。我确信有很多人完成马拉松之后，只要他们还活着，就不打算再来一次，但那不是我。

虽然很痛苦，但有过如此美妙的经历之后，我决定明年再来。事实上，我的计划是把旧金山当成我主要的马拉松比赛，每年都回来。在比赛前的几个月里，我会刻苦训练，在马拉松比赛中拼命奔跑，希望年复一年地稳定缩短自己完成比赛的时间。当我没有为一年一度的大型比赛进行积极的训练时，我会保持强壮的体质，并在我居住的蒙特雷湾（Monterey Bay）附近参加所有当地的5英里和10英里的比赛，以保持我的速度。看起来，当地有多少比赛，我就准备参加多少。

但实际情况并非如此。第二年，我按计划回到了旧金山。我们又去了英巴卡德罗中心（Embarcadero Center）的凯悦酒店（the Hyatt Regency），那里有很多其他的参赛者。乘坐电梯时，我遇到了一群又高又瘦的精英选手。他们在讨论如果不能真正赢得比赛，将如何选择退出比赛的事情。"在最后6英里的时候，和自己的身体过不去是没有用的。"其中一人说道。我明智地点了点头。我打算在电梯周围转几圈，

第九章 为自己而跑

以表明我是他们俱乐部的一员。

比赛时，路线发生了改变。我对此不太满意，因为它让我没法和前一年比赛时间进行精确的比较。不过，我认为这也没有什么大不了的……大致接近就行了。事实上，第二次的时候，我的成绩并没有进步。也许由于第一次没有经历完整的训练过程的兴奋感，我没有投入那么多的精力来做准备。我虽然跑得很努力，但结果比前一年多了4分钟。

接下来的1986年，我又一次来到了旧金山，这次我的成绩是3小时29分。路线再次发生了改变，当我听说又有新的马拉松赛要举办时，我对旧金山马拉松的热爱产生了动摇。新的比赛将从大苏尔海岸（Big Sur coast）出发，终点是加利福尼亚州的卡梅尔（Carmel），刚好离我们也不远。不过，比赛时要封闭1号高速公路的一大段路，这一点饱受争议，也是很多人争论的话题。该赛事的计划不太周密，即使成功举办了第一次比赛，也不知道以后会不会持续下去。另外，我已经在旧金山的马拉松上付出了几年的心血，我不想重新开始另一场马拉松比赛，所以我放弃了参加大苏尔国际马拉松（the Big Sur International Marathon）的第一次比赛。

1987年，旧金山马拉松赛的赛道又一次发生了改变，同时一些赞助商也换了。对于在比赛中何时何地允许关封闭街道，该市当局似乎在不断地重新进行评估。每年的决定都在变化，人们觉得比赛还没有稳定下来。结果，1984年是参加比赛人数的最高纪录，旧金山并没有发展成预想中的超级马拉松赛地。

1988年，旧金山马拉松陷入了困境。当时，为了准备马拉松赛，我选择了通常的10英里长跑，并开始了一系列的长跑练习，但在我去报名的时候，发现当年不会举办比赛了，甚至也说不清楚什么时候再次举办。

对我来说，我期待一年一度的马拉松比赛，而旧金山并没有满足我的要求。对于大苏尔国际马拉松，这一年已经太晚了，它已经进入了第

93

三个年头，似乎正在蓬勃发展，但我还是对大苏尔持保留态度。人们说那里的赛道风景优美，但因为多是山路，所以很难跑。你得在你通常的马拉松赛成绩上增加10分钟来规划你的完成时间。既然我的目标是在马拉松比赛中创造个人纪录，那么选择大苏尔马拉松无异于搬起石头砸自己的脚。所以，在接近年底的时候，我参加了在萨克拉门托举行的加州国际马拉松赛。它被宣传为一场速度快、全是下坡路的马拉松，是一场创造个人纪录并获得波士顿马拉松赛资格的好场所。

加州国际马拉松赛是一场伟大的比赛，非常鼓舞人心。比赛伊始，有几段开阔的乡村公路从福尔瑟姆（Folsom）一直延伸到萨克拉门托的郊区。这条路在充满晨雾的低洼处起伏，所以你会从雾中跑到一个高点，然后再到低处，然后从雾中出来。

这场比赛另一个值得纪念的地方是它的终点。你穿过萨克拉门托的中心，笔直地跑4英里，中间有一个弯道，路的尽头有一个倒钩状的路段，通向加州州议会大厦（California State Capitol）对面的国会大厦广场（the Capitol Mall）。这段4英里的路段，既有城市景观，也有绿树成荫的住宅区。在我沿着这条路跑的时候，我想我都要发疯了。这条路没有尽头，没有任何迹象表明你在进步。在你所能看到的前方，是越来越多的交通灯、树、房子和其他建筑物，当然还有带着挫败感的绝望的选手。在旧金山，从来没有遇到过这样的情况，在那里，街道和社区不断地变化，道路也都是曲折的。

这是清晰无误的一课：当你已经找不到任何分散注意力的对象，从而忘记每一步努力所承受的痛苦时，精神力量就显得是多么重要。我无法忍受这场磨难，虽然身体上还能挺过去，但精神上我已经崩溃了。我告诉自己，我需要时不时地步行一阵子，这样我就能看到远处的红绿灯，在到达那里之前走一会儿。

最终，跑到终点时我的成绩比个人最好成绩提前了5分钟。那一天，我本来可以做得更好。当然，我也了解到了自己的精神力量。它很弱小，很容易被吓倒，这是我需要解决的问题。同时，我依然需要一个每年可以去参加的马拉松赛。我喜欢这样的想法，每年我都可以和以前完成的时间进行比较，发现我需要改进的地方。旧金山没有成功，现在我对加州国际马拉松赛也有点厌烦了。

在从萨克拉门托出发，沿着加州5号州际公路驱车回家的路上，我在仔细考虑自己的选择。记得我当时想着可以试一试大苏尔国际马拉松赛。

第十章　尽我所能，与逆风相抗

我很不情愿地报名参加了1989年的大苏尔国际马拉松赛。这是它举办的第4年，但我仍然对它有所保留，最重要的是要面临山路的问题。那时候，我只专注于速度，不管我跑了多远，都要打破我的个人纪录。在马拉松比赛中，起跑后10分钟的障碍不可掉以轻心，你需要一个能帮助你保持比赛速度的赛道，而不是被障碍减缓你的速度。

除了众多起伏的小山之外，大苏尔还以在比赛进行到一半时爬上两英里的山路而闻名。最高点是560英尺高的哈利肯观景点（Hurricane Point）。相较之下，波士顿马拉松比赛中令人恐怖的哈特布里克山（Heartbreak Hill）还要比它高出91英尺。你可以放慢速度，从底部爬到哈利肯观景点的顶部，到顶部之后，你会发现你的速度一下子快得要命。整个比赛让人痛苦不堪，因此完成大苏尔马拉松的选手们被称为"哈利肯观景点的幸存者"。

接下来就是点对点的跑步，主要是朝着一个方向，一直向北跑。因为住得不远，我曾多次开车去大苏尔海岸，那里的风景确实很壮观，但我的目的是跑马拉松，而不是去观光。我关注着自己每跑10英里的步伐，期待看到下1英里的标记，深深地忍受着身体上的痛苦。难道我经历的比赛是一条不知通向哪里的永无止境的沥青路吗？我不禁想起了加州国际马拉松赛上长长的公路，想起了穿越萨克拉门托的死亡旅程。

甚至连大苏尔的天气也是一个潜在的问题。因为在整个比赛中只朝一个方向跑，而且大部分时间都是在露天的环境里，还要遭受吹来的海风，同时，来自北方的持续的逆风会折磨你20英里。你还要经历的是，刚开始的时候气温很冷，结束的时候则会变暖，让你很难穿对衣服。从比赛开始到结束，45华氏度的温差并非罕见。

另一方面，我从跑过大苏尔马拉松的选手那里没有听到任何关于比赛的不好的情况，所以决定一试，结果非常令人满意。事实上，在接下来的23年里，从1989~2011年，我跑了22次大苏尔国际马拉松。

大苏尔

大苏尔马拉松赛的灵感来自一个路标。一天，大苏尔的居民、法官威廉·伯利（William Burleigh）离开加州卡梅尔（Carmel），在1号公路南下的时候路过了这个路标。路标上写着到大苏尔的距离是26英里，请注意安装有灯泡的提示牌。标志上的距离多少有些随意，因为大苏尔本身不是一个城镇，而是一个没有正式边界的地区，从卡梅尔以南大约90英里，一直延伸到赫斯特城堡（Hearst Castle）所在地圣西蒙（San Simeon）。

由加斯帕德波托拉（Gaspar de Portola）带领的最初的西班牙探险家沿着加利福尼亚海岸向北跋涉，被迫向内陆的圣安东尼奥（San Antonio）和萨利纳斯山谷（Salinas）的谷地进发，抵达蒙特利湾（Monterey Bay），因此他们绕过了一大片相对难以接近的海岸线。他们称这个地区为"el país grande del sur"，意为"南方大国"。后来，这个名字缩短为"el país grande del sur"或"Big Sur（大苏尔）"。1915年，该地区的居民要求政府将他们邮局的名字从"Arbolado"改为"Big Sur"，这使得这个名字或多或少变得正式起来。

在崎岖的大苏尔海岸线上，圣卢西亚（Santa Lucia）山脉从不断翻腾的海洋中升起，看上去十分壮观。雾霭从布满小溪的红木森林中飘过，河流奔流入海。这里被认为是国家的宝藏，被称为世界上最美丽的海岸线之一。科恩峰（Cone Peak）位于内陆3英里处，高达5千多英尺，是美国最高的沿海山脉。往内陆方向，你可以找到洛斯帕德雷斯国家森林（Los Padres National Forest）、文塔纳荒原（Ventana Wilderness）、锡尔弗峰荒原（Silver Peak Wilderness）和福特亨特莱吉特堡（Fort Hunter Leggit）。在1937年1号公路建成之前，这里一直是加州最偏僻的地区之一。现在大苏尔每年接待的游客和约塞米蒂（Yosemite）一样多。马拉松赛给大家提供了独特而难得的机会，可以通过你的双脚来引领你参观26英里的仙境，而无须担心被破旧的露营车里的瑞克叔叔（Uncle Rick）撞倒在地。

在这样的背景下，大苏尔马拉松赛充满了希望。威廉·伯利的想法很有道理。它只需要战胜后勤补给等方面可怕的噩梦，例如起步时成千上万选手挤在一起的问题，许多救援和补给点过于偏远的问题，需要有一个一流的终点场地问题，成千上万选手的饮食问题，以及如何将疲劳过度和受伤的选手安全转移出赛道，如何做出成千上万手工制作的奖品，当然还有提前让每个人都进行注册等问题。年复一年，这些挑战都得到了解决，所以选手们在比赛中很少遇到任何负面的问题。

大苏尔马拉松赛第一次举办时有1800人参加。到1990年，参赛人数达到了当时3000人的上限（该赛事目前的上限是4500人）。在这个过程中，还增加了其他项目，让选手可以选择较短的距离或步行部分路程，包括21英里的跑步或步行，11英里的跑步或步行，12英里跑，5英里跑，或接力马拉松等。所有这些活动都非常受欢迎。到目前，共有上万人参加了这样的跑步或步行项目。今年秋季还有一场姊妹赛，即大苏尔国际半程马拉松赛（Big Sur International half marathon），也成了国际公认的赛事。

第十章　尽我所能，与逆风相抗

了不起的成功

大苏尔马拉松赛每年都会收集选手们的名言，诸如"我死后上天堂"等。汤米·欧文斯（Tommy Owens）在2002年写道："最好的赛道、服务、沿途美景、周到的细节。精益求精。"《跑步者世界》（Runner's World）将大苏尔马拉松评为美国多年来举办最好的马拉松赛。但值得注意的是，这和比赛本身有着密切的联系。看一看美国评出来的最佳马拉松赛的名单，几乎每个名单中都有大苏尔的身影。它被称为"地球上最好的跑步体验之一"、"北美最好的马拉松比赛地"，以及世界上"一生要参加的十大比赛之一"。

多年来对该赛事的如潮好评都归结于赛道本身。比赛的起点在位于大苏尔站（Big Sur Station），在大苏尔的中心一个经典的沿海红杉林中间。你在高耸的红杉林里穿行，经过几家乡村小餐馆和度假村，跑完大约5英里，才戏剧性地跑出森林。接下来，在你的周围是开阔的牧场，牛群在吃草，你的右侧是偌大的绿色斜坡，左侧是广阔的太平洋。远处的海角上矗立着具有历史意义的苏尔之角灯塔（Point Sur Lighthouse），它建于1889年，是为了让船只远离海岸的岩石。

在小苏尔河（Little Sur River）经过一段大的转弯后，你将爬上哈利肯观景点。从山顶上往下看，是大约2万英里的海岸线，这是一片梦幻般的景象，蓝色的海水，汹涌的海浪，露出水面的岩石，翻腾的白色浪花，柏树，还有大片肥沃的绿色土地向着水面延伸而下。接下来是比克斯比大桥（Bixby Bridge），这是大萧条时期的一个工程奇迹，它戏剧性地横跨一个巨大峡谷的入口，是世界上拍成照片最多的建筑之一。

随着将一半的赛程甩在身后，你沿着海岸上下起伏的路面往前跑，偶尔会看到水面的边缘，或者看到文塔纳荒原的峡谷。在到达索伯拉内斯岬（Soberanes Point）19英里标记之前，你要经过帕洛科罗拉多公路（Palo Colorado Road）、罗基波因特（Rocky Point）和加拉帕塔桥（Garrapata Bridge）。

很快，在22英里处，你会来到卡梅尔高地（Carmel Highlands）和第一个建筑物密集的地区。临海的卡梅尔建筑可以分散你在陡峭的山丘和弯道上的注意力。接下来，你将经过洛沃斯岬（Point Lobos），沿着修道院海滩（Monastery Beach）跑下去。目光敏锐的选手会看到卡梅利特修道院（Carmelite Monastery Mission）就在他们上方的山坡上，这个海滩就是以它命名的。

最后，你翻过最后一座山，穿过卡梅尔草地（Carmel Meadows），跨过卡梅尔河大桥（the Carmel River Bridge），到达马拉松村，那里聚集了餐饮帐篷、按摩帐篷、招待帐篷、跑步者聚会区、摊贩的摊位、浴室等，还有一个啤酒花园。第二天，它们就全被撤掉了。

如果你不喜欢绝美的风景，也许沿途的音乐会点燃你的激情。例如，1998年，罗伯特·路易斯·史蒂文森管弦乐队（Robert Louis Stevenson Orchestra）在哈利肯观景点的顶上现场演奏（当时的风似

比克斯比大桥展示了作家杰克·凯鲁亚克（Jack Kerouac）曾经居住和写诗的比克斯比河峡谷深处的景象。

乎会把他们吹走），在罗基波因特有蒙特雷铜管五重奏（Monterey Brass Quintet），加拉帕塔桥有蒙特雷青年管弦乐队（Monterey Youth Orchestra）的演奏。多年来，音乐会钢琴演奏家乔纳森·李（Jonathan Lee）就在比克斯比大桥边的一架大钢琴上演奏。雅马哈音乐会的三角钢琴仍然是比赛过程中的主打内容，但被另一位钢琴家接手了。当你从桥上跑过，经过半程标记时，扩音器里的声音就会伴随着你。你会为你感受得到的情绪所感染。

音乐并非都是古典类的。每一年，在哈利肯观景点的底部，精力非常充沛、催人奋进的太谷（Taiko）鼓手在那里敲打着鼓点，激励你开始攀登。沿途还会有摇滚乐队和蓝草乐队，还有一些人拿着音箱。

除了音乐，你会看到一些古怪的里程标记，还有志愿者们喊着分段时间和进度。沿途有11个救助站，当然，那里有充足的水和运动饮料，有的志愿者拿着凡士林，有的分发能量凝胶，还有一大群志愿者分发水杯和液体饮料，这样你就可以直接穿过救助站。在接力交换点有成群的运动员为你加油，终点有一大群人在欢迎你。

这位惬意的大苏尔"居民"在比赛当日看着选手们经过。

赛前的大型博览会是本次比赛的另一大亮点，同样精彩的还有赛前节目和赛后官方成绩手册。即使是在黎明前的黑暗中乘车前往起点，也可能是一种奇妙的体验，因为在繁星映衬下，月光在崎岖的海岸线上创造出了一幅梦境。加上戏剧般的雾霭扫过海洋，你会发现赛前的紧张情绪消失在一个奇特的神秘之旅当中。

所以，在所有比赛中，在我家后院举办的大苏尔马拉松赛就成了我一年一度参加的马拉松赛首选。多年来，比赛报名以先来后到的顺序进行，而且下一届比赛的报名表也附在了成绩册当中。我会研读比赛结果，查看我所用的时间和最后的名次，通读上面的文章和选手们的语录，并在许多高质量的照片中寻找自己的身影，然后我会填好报名表，开一张支票，把明年精彩的、有保证的大苏尔马拉松体验投进邮箱里。当然，现在有抽奖，也有旅游套餐和捐赠方式，来增加获得一个号码布的机会。

年复一年跑同样的马拉松变成了一种宝贵的体验，一种监测我作为一个跑步者身体和精神进步的极好的方式。在身体方面，逐年比较我在训练和行动执行方面的优劣是非常明显的。我可以观察自己的步伐是如何1英里1英里地进步的，并与过去几年的速度进行对比。我可以看到爬上哈利肯观景点的过程对我的速度造成了什么样的影响，并检查需要多长时间才能回到我的目标速度，并与过去的情况进行比较。我可以比较关键点的表现，如10英里、半程、20英里，当然还有终点。

我也意识到在整个赛程中，我的身体在每一段都得到了什么样的反馈。从几英里开始，我的小腿、四头肌或全身开始感到疲劳？什么时候从感觉速度还可以控制到感觉连一般人也不如的？从一年到另一年，遇到的瓶颈是什么？从哪里开始，我真正变得步履艰难，想步行爬上一座小山，或者在救助站延长超过实际需要的步行时间？随着时间的流逝，我成了一个专家，清楚地知道在比赛的每一个环节会发生什么。

第十章　尽我所能，与逆风相抗

为了个人纪录而战

下一步就是把我一年的训练和当年的马拉松比赛进行对比，看看哪些训练是有效的，哪些训练没有任何改善。从不同寻常的赛道上，可以很容易看出我的成绩变化情况，可以判断出训练的结果是进步了还是退步了。一个恰当的例子是我在1994~1997年期间参加大苏尔马拉松时个人成绩的变化情况。1994年的比赛条件非常完美，也就是说，比赛中没有异常强劲的逆风，比赛最后几英里也没有遇到异常高温。我接受过很好的训练，能够尽我所能去跑。我跑出了3:39:17的成绩，这是迄今为止我参加大苏尔马拉松赛的最好成绩，实际上也是我所期待的成绩。在我参加的所有马拉松赛中，我的个人纪录是参加旧金山马拉松赛时跑出的3:29，由于大苏尔赛道的难度，预计会慢10分钟，所以3:39的成绩看起来和我跑最快的时候一样。

我在1995年没有参加训练，所以时间被浪费掉了，但是在1996年我安心地回到了艰苦的训练场上。在比赛开始的时候，我有些迫不及待，非常自信地认为打破以前的纪录志在必得。大苏尔马拉松赛的起点非常拥挤，4000多名选手在一条双车道高速公路上冲下山坡。我立刻从人群中冲了出去，尽量不被跑得慢的选手挡住去路。当我正从一个慢腾腾的选手身边绕过的时候，另一个选手从相反的方向也做出了和我一样的动作，结果我俩撞在了一起。我虽然没有摔倒，但右脚的脚面翻向了地面，感到右脚踝侧面剧烈地震动了一下。我一瘸一拐地走到路边，成百上千的选手从我身边拥过。我走了一会儿，确定这条腿可以保住，不用截肢。然后我开始在路边一瘸一拐地慢跑，仍然有成群的选手从我身边经过。脚踝的疼痛非常剧烈，但我一瘸一拐地往前跑，最终跟上了大部队。

直到大约5英里的时候，疼痛才逐渐消失，这样我就可以迈开正常的步伐，或许10英里的时候，我才能完全回到比赛中来，全力以赴地往前跑。当然，我失去了很多时间，但我不禁想起了我所付出的艰苦训练。希望的力量是无穷的，所以我全身心地投入到了比赛中，尽我所能地去跑。最终我以3:39:34的成绩冲向了终点线，比我的纪录慢了17秒。

这个成绩为我来年的比赛添了一把火。我进一步加强了训练。1997年比赛的日子到来了，我又一次排起了队，准备出发。但这一次，我在比赛一开始就学会了格外小心。每一步我都很注意，一直到人群散开。我唯一担心的是天气不好，但我知道当年的情况就是这样。我幻想着跑出3小时30分以内的成绩，比以前最好的成绩少10分钟的纪录似乎触手可及。

我风一般穿过红杉林赛道，就在我们刚要出树林、到达开阔牧场的山坡底部时，我发现大苏尔马拉松赛的创始人比尔·伯利正站在他的车旁，微笑着为参赛者加油。选手们经过的时候都和他打招呼。我非常兴奋，想亲自跟他说点什么。天气晴朗，没有一丝风。我正在为久违的个人纪录而努力，而正是身边的这个人，才使得这一切成为可能。

"今年的天气太好了。"我经过的时候喊道。

伯利看着我，笑了，但令我大为惊讶的是，他摇了摇头。他对我的原话是："等等再看吧。"

我很困惑，他的话到底是什么意思？

我蹲下身子下了坡，出了林子。我迫不及待地跑入下一段赛道，那里就可以看到灯塔。通常情况下，从那里到哈利肯观景点底部的路段都是一帆风顺，一旦到了那里，到了桥上，你就成功了一半。我在幻想着走向成功的每一个细节。

就在我沿途跑的时候，首先感觉到风吹在了头上，然后是胸口，再到我温暖的四头肌上。我的全身都能感到它的力量，它似乎是一个任性的、有生命的东西。当我的脚离开柏油路面时，所有前进的步伐似乎都被抵消了，只将我暂时留在了空中，然后被推向后方。逆风如此猛

第十章　尽我所能，与逆风相抗

烈，让我感到无能为力。

我该怎么办呢？选手们排成了队，相互牵引着前进，所以我也加入了他们。我能感觉到自己在格外努力地保持步伐。不会持续太久的，我这样想，并尽我所能与逆风抗争。但是，风却刮个不停。在哈利肯观景点的顶端，你几乎无法前进。风把选手们的帽子都吹了下来，一直吹到悬崖边上，飘在空中。即使在你倾身下坡时，风似乎也会把你托起来。我感觉就像从斜坡上跳伞一样。

从赛程的后半段一直到卡梅尔高地的庇护区域，情况都是一样的。这是有比赛史上最强劲、最稳定、持续时间最长的逆风。设法到达终点时，我已经疲惫不堪。我知道，在这样的情况下，不可能指望我的个人记录有所突破，但我还是下定决心一搏。这次我喘着粗气冲过了终点线。我的时间是3:39:44，也就是说，比前一年慢了10秒。我花了三个半小时与风进行史诗般残酷的斗争，但再次以不到1分钟的差距遭遇挫折。结果令人失望。

从好的方面来说，当人们问我在大苏尔马拉松赛中能跑多快时，我很容易回答。"我可以在3分39秒内跑完，"我会自信地回答，"无论发生什么。"

第十一章　末世四骑手

一次又一次回到大苏尔，无疑让我在跑马拉松的时候所有身体反应都处于最佳状态。由于对我来说没有新的路线或者新的机制，我可以完全关注于我的身体对设定的速度的反应，关注于各个山路中遇到的逆风和周边的温度，关注于诸如5英里、半程、20英里或者最后两三英里这样关键性赛段。

为了追求一年比一年跑得更快，我会对我的训练进行微观管理，这样就能够弄清在大苏尔的比赛结果，以及我在整个比赛过程中的感受。当然，我无法控制的是年龄变老。在大苏尔马拉松赛上，我从37岁跑到了59岁（顺便说一句，我都不知道这一切是怎么发生的）。在那些关键的年龄阶段，我的完成速度几乎不可避免地放慢了。我本可以反击，加强训练，努力跑得更快，但我没有。相反，我对跑步的态度发生了转变。**对更快速度的追求让位于对比赛过程的享受。**同时，通过年复一年参加同样的比赛，我可以确切地看到这种心理变化是如何在我的马拉松经历中发生的。

这种态度的转变只是我在参加大苏尔马拉松的这些年里心理调整的体现。事实上，和跑步时的身体方面相比，我从每年的心理考验中学到的东西是最让我感兴趣的，它帮助我作为一名跑步者不断成长。

第十一章　末世四骑手

在疼痛深渊里的时光

在所有的长跑训练和马拉松比赛中，我无疑在痛苦的深渊里花了很多时间来应对所有的不适感，迫使自己远远脱离舒适区。一开始我对疼痛的反应很常见，我会尽量忽略它。后来我会试图逃避或否认它的存在。当然，这些都没用。这只会让疼痛显得更加明显。我认为疼痛是一个会变得日益严重的问题。我以为它只会加剧，直到它变得不可逆转。这种想法只会引起恐惧和恐慌。在心理上，我处于一个消极的恶性循环当中。

所有的恐惧和恐慌会让我在最重要的时刻变得紧张，我会放慢我的步伐，希望能在一定程度上减轻痛苦，或者通过步行休息的方式加以解决。当没有什么能让疼痛消失的时候，我只能沮丧地坚持到最后，几分钟似乎变成了几个小时，在跑步中找不到快乐，对最后的结果感觉很糟

会以这种或者那种方式陷入疼痛的深渊……

糕，因为我显然没有完成得很好。听起来很有趣，不是吗？

多年来，我了解到疼痛需要一种截然不同的方法去应对。首先，你必须承认它，并面对它。它是你遇到的现实的一部分，也是你在跑步体验中不可或缺的一部分。即使在这个简单的承认过程中，你也开始在轻视它的力量。它没有那么可怕，你也不必去躲避它。疼痛也没有弱小到你必须去忽略它。事实上，疼痛不是你能够躲得掉的。它基于这样一个事实：你在比赛中不断要求自己取得更好的成绩。它是一种很自然的现象。你会对自己说，既然它就在这里，那好吧，让我们来解决它。

这样一来，你不仅能正视它，还能真正体会到它的意义，去拥抱它。你会发现有怎样的感受？感受有多强烈？对它进行分析，客观地对待它，你就不会对疼痛产生情绪上恐惧的反应。事实上，你可以告诉自己不要带情绪去跑步。试着客观地看待疼痛，就好像它发生在别人身上，而不是你自己的身上。

一旦你让自己充分体验疼痛的感觉——并希望意识到这不是世界的末日，你不会被要求在诺曼底登陆日去第一波袭击奥马哈海滩——那么你就能接受疼痛。你可能会想，疼痛的感觉并不好，但也不是致命的。你可以以这样的方式去体验它，而不是其他的方式，而且你会觉得这种方式还不错。

在接受这一点之后，你可以试着把自己的思想转移到发生在你身上的其他事情上。你会有新的感受吗？你在赛道的什么地方，风景如何？此时的温度是多少？你是在爬山，还是沿着斜坡往下跑？你身边的选手跑得如何？前面是什么？以此来对你的状况进行评估。你需要再喝一些水吗？在下一个救助站你需要什么特别的东西吗？你应该服用能量凝胶吗？当你全神贯注于其他感觉时，疼痛感就会逐渐减弱，甚至消失。如果它要强烈地表现出自己的存在，那就随它去吧。重新开始，勇敢面对，体验它，分析它，然后接受它。争取让它再次消失。

它能有多糟呢？

一种更高层次的接受方法是，你甚至可以对自己糟糕的感觉一笑了之。我们把它姑且叫做跑步者的黑色幽默吧。我认为这是一种非常有效的治疗疼痛的方法。它可以让你进入一个完全不同的心态，它能让你从沮丧和失败中走出来，让你觉得自己是一个能承受任何打击的幸存者。如果你可以一笑置之，那它能有多糟呢？

我经常发现，在比赛最激烈的时刻，在马拉松赛的最后3英里或100英里跑的第90英里的时候，似乎不可能想象到会有更加糟糕的情况了，所有一切让我觉得完全是荒谬的。毕竟，我是在比赛当中，一切在根据我的意愿行事。是我自己选择了要这么做，我是根据自己自由的意志来到了这里。我在想自己有多愚蠢，但我同时又想这很有趣！我可以在家里的沙发上喝冰镇啤酒，也可以在这场马拉松比赛中折磨自己。而我选择了后者。干得好！你必须得笑。

笑可以缓解紧张情绪，让你摆脱感觉可怜的境地，让你后退一步，从客观的角度审视自己。你看到的这个自己，既是受伤者，同时也是选择了战斗和拼搏的人，是一个从沙发上站起来，从生活中追求更多价值的人。

一个炎热的夏天，我在加利福尼亚参加一个叫做里约德尔拉戈的100英里长跑比赛，遇到了一些问题，让我终生难忘。我可能下午对自己要求太严格了，因为到了晚上，我的胃就出了很大的问题。我感到恶心，不想吃或喝任何东西，但我必须努力吃，这样我才有体力继续跑步。最终我发现，只要吃点或者喝点东西，就会马上吐掉。

整个晚上都是这样。我会跑到下一个救助站，喝下一杯姜汁汽水，走上几步，然后又全部吐到灌木丛后面。我咬一小口能量凝胶，马上会出现干呕反应。没有进食，也就没有能量来源，我变得越来越虚弱，越来越慢，越来越慢。

我长期的跑步伙伴和朋友戴维·中岛负责为我做步测工作，他是一个伟大的人。当我呕吐的时候，他就在我旁边耐心地等着。然后，在我跌跌绊绊地沿着赛道往前跑的时候，他会跟在我的后面。他一直鼓励我小口喝水，或者试着吃一点能量凝胶。最后，我们来到了一个救助站，我想我可能会好一点，胃可能会安定下来。戴维给我端来了一杯肉汤，我满怀希望地喝了下去，并迫切地希望自己体内的热量能够燃烧起来。我们小跑着离开了救助站，跑了大约5步，胃部就剧烈地翻腾起来，它

感觉糟糕的时候，一笑置之。

迫不及待地想把讨厌的肉汤处理掉。戴维为我感到很难过，他伸出手拍了拍我的背，当时我正弯下腰把肉汤吐到路边的杂草当中。然而，当我直起身子的时候，我笑了，而不是再一次因为失去了所有的卡路里，可能被迫退出比赛而感到失望。戴维拍着我的背的举动，让我明白我的处境是多么的悲惨。我当时的境况太差了，戴维觉得有必要伸出手来安慰我，这似乎很可笑。我当时想，肯定没有什么会比这更糟了。在当时的情况下，这似乎是一个非常积极的想法。

我想起了安·特拉森（Ann Trason）说过的话："疼到一定程度的时候，就不会变得更疼了。"他是一位传奇的超级运动员，曾14次获得西部各州100英里（the Western States 100）的冠军。就我当时的情况，可以说吐到一定的程度之后就没有东西可吐了。

结果，那天晚上我的胃病一直没有好。我不得不在没有能量补充的情况下继续往前跑。情况虽然不太好，但我发现自己的意志力可以坚持下去。我以倒数第二名的成绩完成了比赛，但我还没有到达截止时间。我有一个漂亮的扣形徽章来证明这一点。当然，我从里约德尔拉戈的比赛中得到的远不止那枚扣形徽章，当戴维拍着我的肩膀的时候，我能够笑出来，而且我战胜了当时的困境。

告　诫

在这里，我要告诫大家，在艰难的情况下要坚持下去，处理好疼痛和不适感。我指的是当你跑得又长又辛苦时，通常会突然出现的那种疼痛。你的四头肌会又酸又痛，你觉得能量完全耗尽了，你的脚也很痛，你感觉精疲力竭，你的胃也不舒服，你脚后跟上的水泡让你苦恼，你的皮肤的某处也被擦伤了……然而，这些都不应该是在比赛中阻止你或者让你慢下来的理由，它们通常不会对你的健康构成威胁。

如果你的疼痛可能是一个更严重的潜在问题,对你的健康有实际的威胁,那么无论如何,你应该停下来,直到你可以排除这些问题为止。剧烈和持续的疼痛、尿血、头晕、胸痛等都不是通过克服就能解决的问题,而是你需要彻底检查身体,等以后再来参加比赛的信号。没有哪个终点或者比赛成绩值得你拿自己的健康去冒险。如果你退出了一场比赛,结果并不会发生什么严重的事情,所以需要放弃的时候就选择放弃吧。这样,不但没有造成重大的伤害,而且也许从中得到了宝贵的教训。如果因忽略了一个警告的信号而受伤了,你可能需要几周或几个月的恢复,甚至更糟的是,你可能会因为一个永久性的伤害而完全放弃跑步。

不过,让我们回到谈论如何处理一些典型的、正常的问题,这些问题在你试图缩短你的个人赛跑成绩或者更长距离的比赛时会遇到,例如第一次参加马拉松或者超长距离的赛跑。每年在大苏尔马拉松赛上,当我拼命跑的时候,我不得不应付那可怕的最后6英里,并想出如何在不产生情绪的情况下完成它。

骑　士

最后,我找到了我认为任何一位跑步者都可以利用的四种策略。我们姑且称其为"末世四骑士"吧。在比赛或艰苦训练的任何时候,你都可以召唤它们。在关键时刻,至少在临近比赛结束,情况变得就如世界末日一般的时候,它们真的会出现。这四位骑士就是:**正念、箴言、音乐和斗志**。

当然,关于正念,我们在这本书的前面已经探讨过了。它很灵活,可以在你跑步的任何时候练习,也可以把它留到你迫切需要把注意力集中在其他事情上而不是你感觉到的疼痛的时候。当你处于正念状态时,你的注意力完全集中在当下,集中在你此刻的所有印象、感觉、想法和

第十一章　末世四骑手

四位末世骑士中的"两位"。

感觉上。例如，如果你试图在马拉松的最后几英里保持你的速度，你可能会关注你身体的运动，你周围其他选手的表现，路面的状况，对空气的感觉、你的呼吸，双臂的挥动，沿途的树木，以及诸多来自下半身的压力感等。

想想离终点还有多远，或者担心达不到你的目标，这些都会影响到后来会发生什么。你应该承认这些想法，然后超越它们，回到当下。你担心没有进行足够的训练，或者还在想着10英里的时候发生的事情让你的速度慢了下来，但这些都是过去发生的事情。它们应当得到承认，但必须抛在脑后，你要把注意力放在眼下正在发生的事情上。你现在直接经历的感受是什么？本章开头介绍的处理疼痛和不适的步骤是正念技巧，可以帮助你缓解可能产生的疼痛感。

使用箴言是我们在前面章节中已经提到的另一种技巧。当你发现消极的想法占据了你的大脑，你开始偏向恐惧和恐慌的时候，箴言是特别有用的。我跟不上这个节奏；终点还有几英里远；疼痛只会越来越厉害，直到我无法忍受为止；我会失败的；我应该放弃，改天再试试。再好的逻辑论证也不会对这样的想法起作用。你的身体正在说服你，你目前的情况是无望的，你需要用一个积极的箴言来阻止这些想法。

箴言正如我之前解释的，可以只是一个词，如耐心或是决心。这样的词语是让你冲向终点的关键。它也可以是对你有意义的短语。在我跑步生涯的早期，我告诉自己：**"真正的勇士可以战胜恐惧和自我怀疑。"** 我不知道我怎么能称得上"真正的勇士"。我甚至不记得这句话是从哪里来的，但是它让我感到强大，感到有力量，并且真的有能力征服一切。这招对我来说很有用，尤其是在我跑10英里赛接近终点的时候。我的身体发出抗议，让我减慢速度，但只要我不停地对自己重复这句话，我的精神就会保持在战士般的状态上。

音乐是另一个强大的工具，它可以帮助我们完成一场比赛。我相信，它的效果与正念的力量密切相关。当你开始听音乐的时候，实际上是在给你跑步时所体验到的当下增加了另一种感觉。事实上，音乐的节奏和韵律、描述的故事，以及强烈的情感影响让你体会到它的感觉是非常丰富和迷人的。有了音乐，当你聆听时，身体上和情感上对它做出反应时，你所关注的当下本身就是一种深刻的体验。它会让你忘掉你可能会有的其他感觉，比如对周围环境的强烈感知，这未必是件好事，但它肯定也会驱逐掉那些可能会损害你的消极的想法或感受。

然而，音乐有如此大的力量来分散注意力，所以它又变成了一个安全问题。有些比赛禁止选手听音乐，这样他们就能充分感受到周围的环境，以避免危险。我播放音乐时总是用一只耳塞，这样我就不会被街上的交通噪音或森林里动物的叫声所阻隔。我也尽量不让自己依赖于音乐，我不想变得没有音乐就无法应付艰难的跑步。我想让正念的力量变得更加强大，然后用音乐来增强它的效果，而不是仅仅依靠音乐。

最后，还有斗志。就斗志而言，我认为它是一种不符合逻辑的、没

第十一章　末世四骑手

显而易见的决心。

有理性的信念，那就是无论如何，你都要不断地鞭策自己，超越你所认为的极限，直到终点。其实，它的另外一种称法就是"决心"。正如我之前所说，我相信这是一种品质，让跑步者能够承受任何苦头，当然不包括那些最终屈服于压力的选手。这就是朱马·伊坎加所称的"有准备的意志"和史蒂夫·普雷方丹所称的"勇气"。

决心是一种行动

在长跑或长跑训练中，你经常发现自己同时被几个问题所困扰，而不仅仅是一个问题。你的脚受伤了，你的小腿也受到了轻微的拉伤。外面的天气比你想象的热多了，即使你减慢速度，也不会感到凉快。因为天气热，你的胃会感到不舒服，所以很难喝下去运动饮料或吃下去任何固体食物。这种情况会一直持续下去，这些问题纠缠在一起，让你感到灰心丧气，你不可能解决所有的问题。一种问题可能会缓和一段时间，但另一种又会加剧。最后，不管遇到什么问题，唯一能让你坚持下去的是你的斗志，你完成比赛或训练的决心。

　　决心是强大而没有理性的。当你需要的时候，它就在那里。它是一种动力，让你认为你能做得比你想象的要多。不过，拥有决心并利用决心，并不是与生俱来的。通过练习，一遍又一遍地把自己置于困难的境地，这样你就会习惯于召唤你的决心。你可以利用能够取得成功的因素来获取最终的成功。一旦你下定决心克服了看似不可能的困难，下次必要的时候你就能更好地下定决心。

第十二章　哟，我知道你就在那里

我写的第一篇与跑步相关的文章是2001年投给《超级跑步》（Ultrarunning）杂志的比赛报告。我寄给他们的前两份报告都没有得到任何反馈。我投的第三份报告是关于2002年美利坚河50英里赛（American River 50 Mile）的情况，引起了当时出版人兼编辑唐·艾利森（Don Allison）的注意。他说他喜欢这个报道，尤其是关于瘾君子的那部分。

在报告中我写道，对我来说，美利坚河50英里赛真正开始的时间是在比赛前一天晚上2~3点之间。正当我独自一人在汽车旅馆房间里熟睡的时候，听到隔壁房间的咚咚敲门的声音，然后有人声音很大地说道："哟，我知道你就在里面。哟，让我进去。把门打开。哟，你还欠我的钱呢，你是知道的。给我20美元！听着，如果雷（Ray）在里面，也没有关系。哟，把钱给我，我知道你在吸毒。你想让警察过来吗？你知道是怎么回事的。哟。"

喧闹一直在持续。要么是隔壁房间里一个人也没有，要么房间里有人，但很明智地没有应答，最后我给前台打了电话。"我们会去了解情况的。"工作人员说。但是，了解这件事显然并不意味着会采取行动。

咚咚的敲门声和喊叫声丝毫没有减弱。"出来，哟，我知道你就在里面。现在我告诉你，哟，你最好打开这该死的门，哟。"

最后，那个家伙要么离开了，要么被带走了，但之后，我一直在想着这件事，整个晚上都没有睡觉。在比赛过程中，前一天晚上的小插曲不时地在我的脑海中上演。我在比赛报告中写到了这一点，我不禁将那些为了20美元的人的生活与我所过的超跑生活进行了对比，并对完成50英里赛感到极大的满足。

唐·艾利森之所以对我的比赛报告感兴趣，可能是因为它抓住了一个关于跑步的真相，而我之前其实并没有多想。也就是说，跑步本身只是体验的一部分。某一场比赛的全部经历，或一周的跑步训练，或任何一段跑步的经历，都是你在跑步过程中遇到的所有事情的集合：跑步前的准备过程；跑步前、跑步中、跑步后的想法和感觉；你从该件事中获得的东西，你现在完成事情的方式，与你的余生做事情的方式是相契合的。

在跑大苏尔马拉松的那些年里，我也注意到了同样的情况。这个故事不再仅仅是比赛中发生的事情，而是扩展到了我为比赛而参加的所有训练的经历：上周我和朋友们在赛前逐渐减少训练时做的事情，去博览会的旅行，与其他选手的会面，在货摊上翻找衣服和设备，与买鞋的人交谈，体验所有的新能源产品，等等。在那之后，我们在星空之下的夜里乘坐巴士出发，在比赛前的准备区尽力保持温暖，脱掉热身的衣服，每个人都把行李袋放到大巴上，让大巴送到终点。

比赛一点点地过去，到达终点的时候，你就会如释重负：坐下来，吃点东西，喝点啤酒，和其他人交流比赛中的故事。接下来的几周，我调整了新的训练计划，不再以马拉松为目标，并沉浸在再次完成比赛的喜悦中。关键是，跑步给你的体验在很多方面影响了你的生活。你的跑步经历不仅会随着你跑得更多而变得丰富，而且让你的生活经验也变得更加丰富。

尝试着去参加一场比赛，在一个全新的地方待上3~4天，经历跑步比赛的整个过程，却没有丰富和充实的经历，这是不可能的。自从退休

第十二章 哟，我知道你就在那里

之后，我很幸运能够参加全国各地的跑步比赛，而真正的从跑步中获得的满足感只是这些旅途中获得的巨大满足感的一小部分。踏上我从未到过的城市，在新鲜的高速公路上行驶，在乡间小路上漫步，看看我们国家的新地方，结识新朋友，然后和一群志同道合的跑步者一起分享比赛和跑步的乐趣，这些都是大有裨益的。你永远也无法预测你将会遇到什么，或者什么将会是这次旅途的决定性因素。

其中一个很好的例子就是我2007年参加纽约马拉松比赛的经历。谁没有听说过关于这场比赛的令人惊叹的地方？拥挤的人群，巨大的场地，激烈的竞争，大城市的氛围，还有和你一起跑步的体育明星。我当然希望能被这令人惊叹的赛道所震撼，它包括纽约的5个行政区，让你跑过曼哈顿，最后在中央公园的中心结束比赛。我想，这肯定就是我回家后要讲的故事。但结果却不是。

相反，真正打动我的是比赛开始前的所有插曲。我是不是疯了？我并没有对比赛本身感到失望，只是我从那天的比赛中得到的印象将永远

比赛的全部经历包括参观新的地方和结识新的朋友。

留在我的记忆当中，那就是在我们开始跑步之前发生的事情。

到达起点

纽约马拉松比赛那天的凌晨3:30，我在曼哈顿上东区，确切地说是在113街，离哥伦比亚大学不远，离格兰特的墓地（Grant's Tomb）也不远（关于该墓地有一个笑话，那就是"到底是谁埋在格兰特的坟墓里？"）。在浴室里，我光脚踩着冰冷的六角形瓷砖。准备好之后，我拿着官方提供的橙色吸汗袋，冒险走到黑暗的街道上，这让我觉得特别显眼。在地铁里，我看到了另外三名拿着橙色吸汗袋的选手，他们在争论该乘哪条地铁。

根据大都会运输局（Metropolitan Transit Authority）网站消息，1号线或R线应该通到曼哈顿南端，在那里我们需要赶上史泰登岛渡轮（Staten Island Ferry），但1号线列车停车时间短——可能是铁轨受损或什么原因——R线列车今天刚刚转向布鲁克林（Brooklyn）方向。地铁站里的那位女士证实了这一点。但组委会最后发出的指示说要务必搭乘R线地铁。同样的指令也发给了比赛租用的巴士——还有大桥关闭之类的事情——因为大约3万人买了票，所以他们将不得不和我一样在地铁里穿行。

我新认识的一个朋友认为他已经弄清楚了路线，所以我选择了和他一起。我们在时代广场下了1号地铁，在那里我们看到一大群参加跑步的选手正沿着隧道往R线的方向赶。嗯……我问自己，对这位新朋友，我到底了解多少？我们朝着相反的方向跑去，冲进打开的S线地铁的车厢。但车门一直开着，我们在没有开动的地铁上坐了大约15分钟。显然，周日凌晨4点30分的S线地铁遵循了自己的运行程序。最后它终于开动了。在我们到达第4站（慢车站）和第5站（快车站）时，由于没有

第十二章　哟，我知道你就在那里

列车到达，我们又在站台上静静地坐了20多分钟。然后一辆4站（慢车站）的列车幸运地出现了。那里挤满了拿着橙色袋子的选手。看起来5站（快车站）的列车没有运行的迹象，所以我们挤上了4号站的慢车，接下来一会儿就要停一次。每到一站，我们就等着越来越多的选手往车上挤，直到把车厢挤成沙丁鱼罐头。当时拥挤的程度对沙丁鱼罐头都是一种侮辱。

最终，我们到达了曼哈顿岛的南端。我们很快地从地铁站走到渡轮大楼，然后坐在地板上等待着渡船，等待这个时候就成了我们的主题。终于，渡船缓缓驶入，我们透过玻璃隔板看着人们慢慢地下船。到了该我们上船的时候，我们冲下斜坡，就像身后的码头着火了一样涌进船舱。毕竟，我们都是充满活力的选手。

渡船庄严地驶出港口，我们再次站起来，排队等着下船。成千上万的人冲进走廊，爬上一段宽阔的楼梯，在那里我们停下了脚步。我们必须等待——这是一大惊喜——因为大巴会把我们送到集合地点。几百名

我的女儿安娜（Anna），表达出她对长时间等待的态度。

参赛者上了大巴，我们接着等，然后再有几百人上车，我们再接着等，再上几百人，我们再接着等，一直等。

等到我上了大巴之后，接下来又是走走停停的过程。其他的大巴在集合地点挡住了我们的去路。我们等着他们下人。我只能睡眼惺忪地望着斯塔顿岛（Staten Island）街道两旁的老木屋。最后，我们在绿化区附近下车，我跌跌撞撞地穿过绿色和橙色区域，来到给我指定的蓝色区域。我花了将近5个小时才来到草地上的这块空地，在那里我可以躺一会儿，在寒冷的空气里挨着冻接着等下去。

离比赛还有一个小时的时候，我脱下衣服，拿起吸汗袋。我很无辜地走进存放包裹的UPS快递车所在的走廊，因为包裹必须要存放在那里。两辆卡车之间狭窄的通道已经成为大约一万名选手试图通过的必经之地。我们从两头挤了进去，结果造成了极度的拥堵。整整15分钟，我被困在人群当中。我可以看到卡车边缘，但再怎么挤，也毫无进展。大家都在叫喊，呻吟，抱怨。警察努力在边上帮忙。当我最终到达指定的UPS卡车，扔进我的橙色袋子，然后转过身的时候，发现我必须以同样的方式回去。

等我回到冰冷的指定区域，已经到了选手们集合的时候了。这时，更多的人挤在了一起。我们在围起来的区域等待着。然后，我们三三两两地沿着街道往前走，来到一大片混凝土地面，前面是一排收费站。除了4万名参赛者之外，我看到了维拉萨诺海峡大桥（Verrazano-Narrows Bridge）的塔楼。我已经准备好开始跑步了，我想要像阿特拉斯导弹一样发射到太空，但离倒计时还有一段时间。我开始祈祷，为我的家人祈祷，也祈祷我在比赛期间一切安全，但最重要的是，希望起跑前的剩余时间能很快过去。当起跑的炮令响起的时候，我们开始向前走，然后小跑到桥上。终于可以跑步了，我有一种如释重负的感觉。

比赛本身没有什么问题，成千上万的纽约人民出来欢呼。不幸的

第十二章 哟，我知道你就在那里

是，坚硬的街道路面很快诱发了我的旧伤：右脚神经瘤疼，右小腿撕裂，左腿筋拉伤，双髋无力。我不停地经历过各种痛苦。在取水点，选手们为了取水而相互绊倒。在我停下来伸一伸筋骨的时候，就有人被我掀倒了。

在每个行政区都经过之后，我们最终回到了曼哈顿。我们沿着第五大道和中央公园跑。我们在公园的南端转弯，然后向北返回终点。我和其他选手一样努力跑过了终点。周围的人群在欢呼着。

过了终点线几秒钟后，我不由得笑了。我发现自己又回到了人群中，拖着脚步，肩挨着肩，脚尖挨着脚后跟，等待着。我们慢慢穿过中央公园，等着拿瓶水，等着鞋子上的计时芯片被剪掉，等着前往摆有零食的桌子，然后再去等我们橙色的吸汗袋。跑步的事情很快在我的意识中消失了。现在看来，它好像没有发生，或者它只是在不断等待中短暂的插曲。

参赛者的人群一直延伸到中央公园西侧的欢迎区，那里有更多的参赛者和他们认识的人挤在一起。我乘坐拥挤的地铁，穿过繁忙的街道，回到了我住的公寓。直到我冲了个澡，朋友们离开我住的公寓之后，我才有了机会在12个多小时之后第一次独处。这种平静和安宁显得有些怪异，我有一种无法摆脱的感觉，就是觉得自己坐在这里等待着什么事情的发生。

3周之后，我回到了加利福尼亚的家，我刚刚完成了一段从蒙特雷（Monterey）到伍德赛德（Woodside）的短暂而愉快的旅行，伍德赛德是一个离旧金山不远的历史小镇。而伍德赛德50英里越野跑（Woodside 50K Trail Run）也就这样展开了。我下了车，沿着草坡到了一个野餐区。在那里，我排在一个人的后面不到10秒钟就拿到了我的比赛号码，我把它别在了运动衫上，然后准备开始。比赛总监说了一声"出发"之后，比赛就开始了。我们一小群人沿着一条小路跑下去，然后就被一片巨大的红木森林吞噬了。

在大约一个小时的时间里，周围还有其他的参赛者，但渐渐地越来越少，最后就我一个人在跑。在我周围，红杉高耸入云，空气清新，脚下的小径很柔软，上面铺满了芬芳的月桂树枝和月桂树叶。一个小时过去了，又一小时过去了，小径在森林中有节奏地起伏着。上坡的时候，我的腿稍微有点紧，但下坡却毫不费力。我有时觉得自己在翱翔，我的思绪越飞越高，我感到一种深刻的幸福感和喜悦感。

我用了不到6个小时就跑完了31英里的路程，这大约也是我从纽约的公寓到马拉松的准备区所花的时间。我不禁将这两种经历在脑海中进行对比。纽约的马拉松赛是一场真正的冒险，但我必须告诉你，我印象最深的是在那里花了大部分时间等着去跑，而不是真正的跑步。

我相信，在我的越野跑中，我将记住的是红杉林和一种深刻的幸福感和喜悦感。

轻轻地路过伍德赛德附近红杉林中的小径。

第十三章　做自己的小狗

到目前为止，这本书介绍了很多心理技巧。当你正在超越舒适区，努力发挥自己潜力的时候，这些技巧可以帮你应对跑步中最具挑战性的环节。我们已经了解了疼痛管理，以及如何让自己在比赛或者艰苦训练的最后阶段坚强起来。

当然，战胜逆境会来带快乐和深刻的满足感，但是，参与跑步和欣赏一场比赛中丰富的经历，或者仅仅是一场公园里日常的、普通的慢跑，也会带来很多的喜悦。**你的心态决定了你跑步时的体验**。如果你想在跑步中关注消极的方面，你会发现有很多东西是你不喜欢的；但如果你表现得积极乐观，同样的跑步过程可以给你带来很多快乐的事情。所以让我们了解一下不同视角的思维。

然而，从一次又一次回到大苏尔马拉松赛，我所学到的意义深远的一课就是，当我从一开始追求跑得快到后来只是全身心享受比赛并体会比赛的经历，是多么不同的体验。在有这个转变之前，如果你问我是否可以享受跑马拉松赛，我会嘲笑这种想法。喜欢马拉松吗？这就像问你是否喜欢腿被打断一样。

当时，我相信马拉松比赛总是艰苦的，而且非常艰苦。你必须从一开始就努力，才能超越你的目标速度。如果你不这样做，在比赛的后半段速度降下来之后，就会失去跑出好成绩的机会。同样，在上坡的时候，你最好要尽力，尽可能少浪费时间。在下坡时放松吗？别想！下坡的时候，你必须拼命跑，以弥补上坡时损失的时间。平路上是不是要随意一些？也别想！平路上是你保持比以往任何时候都要快速的地方，这将使你的完成时间比之前的最好成绩少5分钟。另一件让马拉松变得艰难的事情是令人生畏的距离。我无法想象不深挖人的潜力就能跑那么远。

我对比赛的态度就是尽我所能地跑，如果不能参与一场精彩的比赛，我会感到失望。我的这种态度也延续到了我大部分的训练当中。偶尔，我会安排一个简单的训练日，做恢复跑练习，但大多数时候，都是一些艰苦的训练，比如节奏跑和跑道上的间歇跑。我在训练的时候，只要能控制住自己，我就不会放慢速度。我把强度调到我的身体机能所能承受的最高程度，并加以保持。我的确从投入的训练和比赛中获得了不少的满足，但在这个过程中却没有太多的乐趣。

然而，就如我之前提到的那样，随着参加大苏尔马拉松赛的日子一年年过去，随着年龄的增长，我的速度不可避免地降了下来。只要从头到尾尽我最大的力量，我会跑得更好，但最后我还是会比最好的成绩慢5~10分钟。随着新的纪录被打破，我失去了努力训练和比赛的动力。当然，具有讽刺意味的是，你经常听到的关于大苏尔马拉松赛的一件事是，这里多山，无论如何都是一个很难跑得快的地方，所以你不妨放慢速度，品味这个非凡的地方，享受比赛过程。我花了大约10年时间才把这个很好的建议付诸实践。

思想有它自己的地方

约翰·弥尔顿在他的巨著《失乐园》中写道："思想有它自己的地方，存在于它自身中，它能使天堂变成地狱，也能使地狱变成天堂。"在我第一次在大苏尔马拉松赛上放慢速度，放松自己，尽可能保持在自

第十三章 做自己的小狗

己的舒适区，凭感觉跑步，不再注意速度和完成时间的时候，我意识到多年来我一直在把天堂变成地狱。

　　此前，我的脑子里总是充斥着对速度的担忧，从比赛的第一步开始就一直在担忧。比赛开始的时候，我就把肌肉推向酸痛和疲劳的状态，所以整个比赛的平衡都是在剧烈的疼痛中实现的，我总是在与抽筋和腿部的僵硬作斗争。当我的身体被抽空的时候，恐惧和恐慌总是隐藏在表面之下。当时我没有很好的心理策略来应对疼痛，所以那段时间的赛程和时间都很难熬。当然，最后的6英里简直就是折磨。我已经精疲力竭，我只是在坚持着，试图减少时间上的损失。

　　与此同时，太阳出来了，海浪拍打着海岸，水面上闪闪发光。当我们经过太鼓鼓手或钢琴演奏者时，音乐此起彼伏。海鸥和鹈鹕从头顶飞过，海狮和海獭在离海岸不远的地方从海藻中探出头来。但是，如果你不注意这些，而只关注你的痛苦和恐慌，害怕你可能无法在3小时40分

作者用一只塑料火烈鸟玩了一个心理上的把戏。

罗布·曼　摄

127

钟内完成比赛，那么这一切可能就不存在了。

旧的习惯很难改变，但最终我学会了关注周围的环境，把对速度和完成时间的担忧放在了一边。我跟着感觉跑，努力保持在我的舒适区。我可能会比自己的最佳成绩慢10~15分钟，但我仍然可以按照我的新风格在不到4小时内跑完马拉松，这也可以满足我挥之不去的感觉自己在努力的需要。最后，我的时间慢慢地超过了4小时，但那时我已经完全不在乎完成的时间了。

我的跑步态度已经发生了转变。此前，对我来说，参加比赛的时候不进入比赛模式，不竭尽全力去跑，是说不通的。如果你不打算以最快的速度跑完比赛，为什么还要参加比赛呢？大苏尔被证明是一个理想的地方，在这里可以发现，对比赛的体验可以是非常积极的，而无须考虑你是在参加竞争性的角逐。我曾经认为，就其本质而言，马拉松比赛就是地狱。事实证明，这里也可以成为天堂。我的思想确实回到了"它自己的地方"，可以"把地狱变成天堂"。

参加大苏尔马拉松赛的每一英里对我来说都是新的启示。在这条路上，有无数的细节，此前我一遍又一遍地跑过，却没有注意到它们的存在。如今，我开始意识到田野、山峦和河水沿岸的光影。沿途，我捕捉到了风、温度和空气湿度的所有细微变化。我对周围所有的参赛者都充满了热情。我能感受到他们对这个奇妙的地方的反应，以及到达哈利肯观景点时的喜悦和惊讶之情。我感受到了大苏尔的氛围，那是和所有其他参赛者一样的巨大的共同体验。

距离从感觉上不再那么遥远了。我跑得很放松，所以我的力量和精力能一直持续到最后几英里。我对肌肉疲劳的反应有了更多的认识。对于突然出现的疼痛不再有情绪上的反应。我不再因为自己可能达不到目标而感到恐惧，我只会告诉自己慢下来，放松一些。再也不用着急。跑完26英里对我来说不再是什么大事，它很容易做到。

第十三章 做自己的小狗

如果你还没有在跑步中做出这样的转变，从关注结果到关注跑步过程，那么你应该尝试一下。报名参加一场比赛，但把你通常的目标和更高的目标都抛在脑后。为了享受比赛而跑，尽可能地待在你的舒适区。你会惊讶地发现，比赛似乎轻松多了，你也更加享受比赛。

请把你的地狱变成天堂。

小狗的视角

让我们来探索另一种你可能想尝试的思维方式。我是两只狗幸运的主人，虽然如果你去问它们，它们会告诉你它们才是主人。它们是混血吉娃娃（Chihuahua mixes）。在加利福尼亚州，吉娃娃处于供过于求的状态。

不管怎样，我们现在为赫尔墨斯（Hermes）和塞巴斯蒂安（Sebastian）提供了一个家，它们似乎对这样的安排很满意。赫尔墨斯年龄较大，它看起来像是一只拉恰犬（Ratcha），是捕鼠梗犬和吉娃娃杂交的混血犬。它体型很小，但有一身漂亮的棕色、白色和黑色的毛。它给人的印象总是懂礼貌，外表讲究。塞巴斯蒂安则不知道它是吉娃娃和什么犬杂交的，它的腿又粗又弯，面部表情丰富，上唇微微翘起，看着你的时候，它的门牙就会微微露出来，这让你觉得它是一个深思熟虑的思想家。它全身大部分是闪亮的黑色，只有胸部的犬毛呈白色。它有一条结实的、紧紧卷着的哈巴狗尾巴。当它站直的时候，看起来就像一头小公牛。

赫尔墨斯很害羞，塞巴斯蒂安则像一头闯进小瓷器店的小公牛。它们对散步的喜爱胜过了其他任何事情。正是因为它们对待散步的态度和散步的行为，才让我把它们写入了本书。从吃早饭到早上10点左右，它们睡死在沙发上，没有什么能唤醒它们。但随着一天当中第一次散步的时间临近，它们钻出毯子，打着哈欠，伸伸懒腰，像观察显微镜一样看着我。

当我从房间穿过的时候，它们跳到我们的组合沙发上，仔细地看着我，竖起耳朵，轻轻地摆动着尾巴。如果我喝杯咖啡，然后回到书房，它们就会放松下来，躺回它们能找到的任何一片阳光下。一旦我出现，它们就又戒备起来了，看着我的脸。看我是不是直视它们，看我有没有用"我们要去散步"的语气说话。

如果我去洗手间或车库，它们就会开始到处跑来跑去，互相撕咬。散步通常是在去完洗手间或去车库换上户外鞋之后。在我宣布了要散步的意图之后，它们就会表现得非常激动。塞巴斯蒂安用后腿站起来，上下跳跃。赫尔墨斯跳到前门旁边的长椅上，在我伸手去抓它们放在前门壁橱里的皮带的时候，它试图啃我的手。我把皮带系在塞巴斯蒂安的项圈上，而赫尔墨斯则上前对着皮带嚼了起来。我们冲出门去，我得和它

赫尔墨斯和塞巴斯蒂安闹腾着我去散步。

安娜·杜德尼（Anna Dudney）摄

第十三章 做自己的小狗

们跑一整条街，它们才会冷静下来开始走路。

它们对我们行走的人行道上的各种景象、声音和气味的注意力是非常集中和完整的。它们一路跑到一个重要的地标——一根树干下，在那里留下自己的"名片"，并且仔细地嗅着其他小狗留下的所有信息。匆匆闻了闻路边的杜松子，但旁边草坪上的一小块草地却引起它们了它们格外的注意。几只黑鸟落在半条街外的树上，它们的动作引起了塞巴斯蒂安的注意。它把我拉向那个方向。赫尔墨斯很久以前就把鸟类归为与我无关的类别，所以它继续在草地上忙乎。

我们离开居民区，来到一个土地管理局公园，我解开了绳子，把它们放了出去。它们沿着小径飞奔，但闻到一股气味之后就停了下来。它们在一丛杂草中忙乎了一会儿之后，又继续沿着小径小跑。像往常一样，我被它们的移动方式，腿和爪子的动作迷住了，它们以完美高效的方式沿着小径前进。我试着想象它们是如何体验这种行走方式的。它们的头脑必须完全投入到通过感官体验到的感觉当中，尤其是那些涌向它

赫尔墨斯在检查一个从俄克拉荷马州得到的可疑的扣形徽章。

们的丰富和充满活力的气味。我可以想象它们完全没有意识到自己身体的运动。它们加速、减速、停止、扭动或翻滚，以便掩盖气味。这可能完全是无意识的，只是自动反应，目的是让它们的鼻子处于正确的位置，或者帮助它们嗅出或发现远处的另一只狗。

事实上，这就像它们在做高级形式的正念练习，注意力全部集中在涌入大脑的感觉上。这一连串的观感信息不会因为前一天发生的事情而受到影响，也不会因为对后一天发生的事情的担忧而受到干扰。对于狗来说，这样的想法也许根本就不存在。在野外，它们似乎并不关心任何在它们面前没有死去的东西。它们不考虑跑步时身体的动作或如何移动，也不会被过去或未来的事情分散注意力，它们必须把当下作为所接收到的全部感觉来体验。对它们来说，这一定是一种非常满意的感受，否则它们为什么会如此明显地珍视这种散步的体验呢？

它们每天晚上散步结束后都会得到食物，它们对此很清楚。当然，吃狗粮和散步一样能激发它们的兴奋点。然而，傍晚的散步快结束时，如果我改变通常的路线，把它们带上一条离家较远的小路，它们就会更兴奋。

它们想要回家吃饭的任何冲动都被这个多走路的机会给压倒了。我的建议是：做你自己的小狗。做一些极端的正念训练，试着在跑步的时候，完全专注于你的感官所接收的信息。注意你所看到的东西，在小道的每个拐弯处，尽情欣赏看见的新事物。关注周围的气味，试着从混合气味中分辨出个别的气味。倾听每一只小鸟的歌声，倾听每一种随机的声响，还有你的脚步声和呼吸声。感受与皮肤接触的空气，当然，还要感受身体的运动。将分散注意力的想法抛到脑后，回到对当下的体验中。看看你是否开始有一种别样的感觉。看看你是不是减少了对时间和距离的关注，或者说你根本就没有注意到它们的存在。

在你跑步的时候，你甚至可以想象你就是那条小狗，想象那些涌向你的感觉就是你所意识到的一切。其他什么都别想，甚至是跑步这件事情。你只存在于当下，你的存在就是你所感受到的所有感觉的总和。这是一个非常激进的观念，但我认为探索起来很有趣。尝试一下，看看效果如何，看看之后你会有什么样的感觉。

不寻常的精神领域

如果跑得足够远，跑得足够长，或者跑一整夜，或者跑几天，你会发现自己进入了一个十分不寻常的精神领域。在黎明半明半暗的光线中，你的大脑会和眼睛一起对你进行各种视觉上的欺骗。或者你疲惫不堪的大脑会独自工作，让你相信并非真实的情景，或者更进一步，让你产生奇怪的幻觉。

100英里赛往往为你在脑海中体验这些更丰富多彩的经历创造了合适的条件。你已经精疲力竭，核对无误；你已经跑了一整夜，核对无误；整夜灯光昏暗，飘忽不定，核对无误；黄昏和黎明时分光线昏暗，核对无误；严重的嗜睡，核对无误；当然，还有控制整个局面的非理性的头脑。毕竟，你选择了跑100英里跑，这能有多理性？

我参加过很多次100英里跑的比赛，从一开始我就很容易受到视觉的欺骗。在跑了一整夜之后，当第一缕阳光开始透过森林里的树木时，我就可以把目光集中在任何东西上，然而看见的东西就会开始变成某种奇怪或不祥之物。举个例子，如果我盯着纠缠在一起的树枝看，很快就会发现一只美洲狮蹲在那里看着我。

这没什么可奇怪的。一堆散落在森林里的树桩变成了一群机器人，它们被埋在地下，只有胸部以上露了出来。幻觉会从一件事变成另一件事。我就遇到过一个典型的例子，那是一天清晨，当我在华盛顿国家森林公园参加马萨努特山道100英里赛（Massanutten Mountain Trails

100-Mile Run）的时候，我在茂密的森林里沿着一条小路小跑。我只是想，如果有足够的光线，我就不需要手电筒了。我抬头一看，远处的树林里，有一个长长的水平物体，后面有什么东西伸了出来。

令我吃惊的是，我的目光落在了一对长发女孩身上，她们坐在森林里的一架小型三角钢琴后面。我疲惫不堪的大脑试图弄清楚我到底看到的是什么。我当时突发奇想，认为是疯狂的比赛工作人员把她们安置在那里，在我们快到救助站的时候放上一段音乐。我怀疑救助站一定就在拐弯处。

走近一看，我发现根本就不是两个女孩坐在钢琴后面，而是一个穿着皮夹克、头发很长的邋遢男人坐在一辆前轮伸出式的大摩托车上。我无法想象他是从哪里来的，也许是从附近的一条我看不见的泥土路上来的，但看起来他就在那里等着向他在比赛中认识的某个运动员打招呼。可事实上，当我越走越近时，发现自己又错了。那里根本就没有什么摩托车手。我清楚无误地看到，一只海豚在森林里翻滚的巨浪上跳跃。这

只有我一个人，还是你也看到了一个熊头从树上冒了出来？

第十三章 做自己的小狗

终于把我难住了。就连我想象丰富的头脑也找不出一个合理的解释，为什么会在这个森林里出现了海浪？

最后，我又向前走了几步，来到海豚和海浪前。结果，海浪是一根长树干躺在地上形成的一个水平物体。那只海豚是一棵灌木状小树，立在树干的后面。

对我来说，在100英里比赛中遇到这样的视觉变幻是如此频繁和司空见惯，以至于最终我学会了忽视它们的存在。我甚至会承认欢迎它们，享受它们。只要不太吓人，它们还是非常有趣的。

还有一些不涉及视觉的例子。其中一个是我在2016年夏天参加莫希干100英里赛（Mohican Trail 100）快结束时的经历。这一次，光线不再是问题。在我参加比赛的第二天中午，我正跑在一条小路上，穿过一片开阔的区域，那里的植被已经长到差不多齐胸高了。我当时又累又困，边跑边拼命地睁开眼睛。

沿着小路跑的时候，我感到了一种奇怪的催眠效果，因为小路径两边是杂草，随着小径拐来拐去，我的身体也在不断摇晃。渐渐地，我完全忘掉了我在参加比赛。我知道自己在跑步，一点也没错，但我是在跑去一家德国书店的路上，我本来要在那里见我的女儿。我有一种模糊的感觉，觉得有人在跟踪我，我刚刚是超过了一个参赛者，难道是他在我身后？不过，这都不重要了，重要的是我要去那家德国书店，我对女儿充满了温暖的感情，迫不及待地想见到她。

我无法告诉你跑去德国书店花了多长时间。感觉像是很长一段时间，但我可以肯定地说，只要觉得是在去书店的路上，我绝对没有意识到我在跑100英里赛。最后，前面出现了一个建筑物，我满心希望它是一个迷人的小书店，有外露的横梁，有抹灰篱笆墙结构，就座落在小路旁边。多么希望里面会有一个铅条玻璃橱窗，摆放着封面上印有哥特式图案的书籍啊！

135

但取而代之的是一个弹出式顶棚，下面是一张露营桌，上面摆满了大水壶、纸杯和食物。几个人站在周围，包括一些像我一样穿着印有号码的运动衫或短裤的参赛者。我立刻意识到这是一个救助站，看到它，我又回到了参加比赛的现实当中。

我无法解释德国书店及与我女儿会面的幻觉。我想我可能是处于某种准睡眠状态，在我继续跑步的同时也在做梦。在我边跑边有睡意时，我通常的经验是，让自己闪一下脚，然后马上醒过来。但是，对于完全失去了赛跑的概念，在我的脑海里有如此强大的另一个世界，真是难以置信。

奇怪的景象和幻觉并不是你会为自己选择的思维模式，但要意识到，当你努力到一定的程度，它们可能会等着你。我们所看到的其他思维模式，随时都可以为你所用。把注意力放在享受过程上，而不是放在总想试图让你的表现如何更优秀上。你会意识到享受过程才是最重要的。跑步的时候把你当成自己的小狗，就会发现跑步和你以前想象的完全不一样。

这片充满奇怪和不寻常的精神状态领地的守护者。

第十四章　草原上的跑步者

让我们回顾下上一章的概念，它讲的是当你跑步的时候，大脑中会出现一些奇怪的事情，尤其是当你跑到精疲力竭的时候。接下来故事中的大部分事情都发生在我身上，内容与我描述的一致，但做了一点处理，添加了一些"质感"。不过，有一点是千真万确的，那就是在堪萨斯州的弗林特丘陵（Flint Hills）进行的一场漫长而艰苦的赛跑中，我对自己有了一些非常重要的认识。当然，我也会反问：谁会在参加了很多次跑步之后没有对自己有更多的了解呢？

故　事

很难说哪一种情况更严重：腿疼、背部肌肉拉伤、头痛、恶心，还是在碎石路上一边跑一边不停地挣扎着保持清醒。我以前参加过很多次长跑比赛，但第一次100英里赛的尝试简直要了我的命。我花了一整天的时间穿越堪萨斯州东部的弗林特丘陵，在阳光下烘烤，顶着强烈的逆风，当地人将这些丘陵戏称为"堪萨斯山脉"。此刻，黑夜和极度的疲惫正折磨着我。

泛光灯在马特菲尔德格林（Matfield Green）的救助站上空投下耀眼的光芒，紧挨着援助桌的一排行军椅在路上投下了一条不祥的阴影。其中两把椅子上坐着两位崩溃的参赛者，他们俩一动不动，看上去他们已经放弃了比赛，身后的小床上还躺着另一名选手。至少我还能站起

一条通往堪萨斯州东部大草原的路。

来，这使我有点振奋。

救助站的桌子上堆满了杯子、黏糊糊的西瓜块和哈密瓜块，还有一些切碎的花生酱和果冻三明治。对于我有些不适的胃来说，这些东西都不能吃。为这些参赛失利的参赛者准备的残破的运动酒吧，看起来特别糟糕。我不能去这地方。我瘫坐在桌子边的椅子上，尽可能地远离那些疲惫不堪的参赛者。

"好了，我真没想到，"我姐姐说。她站在我面前，一手拿着三明治，一手拿着一杯汤："你难道看不见吗？要毯子吗？外面越来越冷了。"

她穿着一件厚夹克，戴着一顶羊毛帽。我依然穿着一件汗衫和一条运动短裤，从一大早我就这样穿了。即使在夜晚凉爽的空气里，运动也可以让我感到温暖。

"我会穿上暖和点的衣衫，"我说，"但不要毛毯。如果太舒服了，那我就完了。"

她把汤递给我，我尝了一小口。那是土豆汤，又浓又咸。我把杯子

第十四章　草原上的跑步者

放在脚边的地上，双手捧着头休息。刺眼的光线让一切看起来有点不真实，让我感觉就像在看电影一样。为照明灯供电的发电机发出的震动声和我头疼的感觉交织在一起。在赛道的某个地方，有个白痴在笑着。

"还有多远？"我问。

"大约20英里，"姐姐回答道，"你差不多快到了。"

我半笑半哼。20英里仍然是一段很长的路程。我又喝了一点汤，挥手把三明治扔了。我的胃里非常抗拒任何固体的东西。我姐姐从我包里摸出一件运动衫，我挣扎着穿了进去。过了一会儿，我站了起来。我感到头晕，于是闭上眼睛，希望头晕的感觉会过去。

"这是你的水瓶，"姐姐说，"一瓶是运动饮料，另一瓶是水。"她把两个瓶子塞进我跑步腰带的口袋里，对我说，"好好照顾自己。"

我又开始出发了。

"等等！"有人喊道，"你有新电池吗？"我的胳膊被拉了一下，我把手电筒递了过去。当时我几乎没有意识到，如果没有他的帮助，我很有可能被困在黑暗当中，没有任何光亮，远离人烟。

"谢谢。"我说道。他帮我安装后，新电池为我带来了很大的变化，整条路都被照亮了。当我向前移动的时候，双腿周围参差不齐的影子晃来晃去。道路的一侧布满堪萨斯州大草原上的蓝茎草，在手电光下，闪着银光。

"我能成功。"我喃喃自语道。

我还没离开多远，就听到身后有脚步声。这是我发出的声音吗？是不是装满水的瓶子在我腰带上的口袋里上下跳动的原因？

有人在我旁边停了下来。我转过半个身子，结果大吃一惊。"爸爸？天呐，您怎么在这里？"

他低下头，笑了，很高兴他给我的小惊喜奏效了。他伸出手拍拍我的背。这就是爸爸给我的惊喜，他知道这次跑步对我来说有多艰难，于是决定帮助我。但对他来说，能从中风中恢复，并且半夜跑到这里来简直是一个奇迹。我不知道他恢复得这么快，除了步伐有点小问题之外，看起来他右边的瘫痪已经好了。

"这样做对您安全吗？"我问他，"您能来这里真好，如果我必须自己面对，我也可以做到。"

他耸了耸肩，继续往前小跑，一如既往地固执。我不会劝他放弃他已经决定要做的事。我打量着他，他的灰白头发从帽子下面露了出来，脸上布满了深深的皱纹。然而，他以前的气魄还在。我从他倾斜的脑袋上看到了这一点，他坚定地跟在我后面。

这让我想起了时常为他捡高尔夫球的那些夏天的日子。除了换球杆，他能连续击100个球。然后，如果他对自己的挥杆技术不满意，他会再击一百次。我会戴着我的棒球手套站在那里，抓住网子里的球，直到他去拿他的长铁杆。接下来他击出的球太棘手，很难应对。我会等到它们弹起来后再去抓住。等到他去拿第二根铁杆的时候，他已经在那片长条的草地上离开了一段距离。我能看到他的挥杆动作，然后，在很长一段时间的停顿之后，我会听到漂亮而有力的"击球"的声音。球会飞起来，就像从枪里射出来的一样径直朝我飞来。我几乎左右移动不到一英尺就能抓住它。

听到我问他，他看着我，摇了摇头。运气并不太好。中风后，语言治疗师给他治疗了几个月，但他说出来的话从来没有超出几个字。

"看来得由我来说话了，"我说，"事实上，您能来这里，我很高兴，有些话我想一吐为快。"他瞥了我一眼。"我是说，当您中风的时候，太突然了。以前您在我身边的时候，我还是一名中学生，后来，您突然一下子进了医院，我不知道该怎么办。我以前从未遇到过这种情况，我只是……我不知道……回想起来我只是无法面对。我想我并不想放弃曾经拥有的生活，在您看来，我好像并不怎么在乎。"

第十四章 草原上的跑步者

他伸出手来，放在我肩上，紧紧地抓了一下，表示他明白我的意思。

"我知道那时候自己并不轻松，您什么都不能告诉我。而我一直认为我是对的，但现在我知道我太固执了。我想，有其父必有其子，对吗？"

爸爸听完笑了。他从来没有隐瞒过一个事实，那就是他需要花很多时间来说服自己。

"我真希望不是这样，爸爸，等我长大后，我们本可以多谈谈，谈谈您的服役经历，等等。记得我们还小的时候，您常用'准备行动'这样的话来叫我们起床，要么就是'请上岸'，或者'拿到它们就抽'，诸如此类的海军语言。'拿到它们就抽'这样的话我都不知道是什么意思。"

我不再说话，我想我可能会让他难堪。我们脚下的砂砾嘎吱嘎吱的声音打破了寂静。

"事实上，我希望自己是一个更好的儿子。您勇敢地面对中风，虽然您不能告诉我我的生活到底发生了什么，但实际上您一直在为我指明方向。"

他看着我，点了点头，表示他明白。然后他顽皮地朝我的肩膀打了一拳，暗示我应该放松一点。"好吧，"我说。"就这样。我说完了，也说得够多了。"

我重新专注地往前跑。我们周围的大草原上传来各种奇怪的轻微的声音：呼呼声、嗡嗡声、压抑的叫声、低吟、嚎叫、嘶嘶声、咔嗒声、呻吟声。我们周围漆黑的草地看上去一片寂静，但听起来好像到处都是动物。"听到了吗？"我说。他点了点头，耸了耸肩，做了个鬼脸，好像很害怕的样子。

这让我笑了起来。就在这时，一条明亮的光线划过我们前方的夜空，我们俩都抬起了头。那是一颗流星。"太难以置信了，不是吗？"我看着夜空的星星说道。在这里，没有任何东西阻挡在我们和天空之间：没有树，没有山梁，没有山脉，没有建筑，什么都没有。星星从我们的头顶一直延伸到地平线上。银河像高速公路一样清晰可辨。几英里之外的地平线上，有一些零零星星的灯光：一座无线电塔闪烁的红灯，在油井上上下下起伏的亮光，作为粮仓标记的一对白灯，还有20英里之外，商业城圆形上空的微弱光线。

我们找到了自己的节奏。每当遇到上坡的时候，我们就轻快地往上走；遇到下坡时，我们就慢跑起来；在平地上，我们尽自己所能，跑一会儿，再走一会儿。不时会有兔子出现在路边，奇怪的是，它们似乎一点也不害怕，就像它们习惯了人们在半夜跑步一样。一只丛林狼开始嚎叫。接着，它们一起齐声合唱起来。我的胳膊上顿时起了鸡皮疙瘩。

"很高兴有您在这里，"我说道，"我可不想一个人待在这样的地方。"

救助站

似乎过了很久，我们看到前面有灯光。慢慢地，在我迷茫的视野中出现了救助站顶棚的样子。起初，看起来像几个人站在它的前面，但随着我们越来越近，光线越来越强，这群人变成了两个人。

我们停了下来，一个站在那里的人说："老前辈，请坐。"

我瞥了爸爸一眼。我知道被人这样叫会激怒他，但他做手势要我坐在椅子上。

"你的朋友呢？"我问。

"就我一个人，伙计，"他说，"没有人会疯狂到半夜跑到这里来。"

我意识到我的眼睛在捉弄我，没有其他人，但我对一个女孩有深刻的印象，她穿着运动衫，兜帽遮住了她的长发。

第十四章　草原上的跑步者

在稍后的比赛中，救助站似乎从天而降。

"你没事吧？"救助站的那个家伙问我。

"没事儿，"我说，"多亏有我老爸。"

"那就好，"他说，"试着吃点东西，这里有汤，饼干很好吃的。不要着急，你还有很多时间。"那人看了看表，"你还有几个小时的时间，到终点只有十多英里，你会成功的，站直身子，活动活动。"

我点了点头。爸爸朝我递了一块饼干。"不是先喂好马儿，然后自己再吃吗？"

"你说什么？"救助站的那个家伙问。

"没什么，这是我老爸常说的话。"

我试着去咬饼干，但仍旧吃不下去，我感觉又回到了老样子。我等了一会儿，然后站了起来。如果还是吃不了东西，留下来也就没有多大意义了。"最好接着走，我不想被困在这把椅子上。"

救助站的人帮我拿上了水瓶。"请保重，"他说，"你确定不喝一点汤吗？"

等离开了救助站的听力范围所及之后,我说:"他人还不错,但我不喜欢他的饼干。"我们父子俩放声大笑。讲这个笑话似乎减轻了我肩上的负担,我感到疲惫和酸痛稍微减轻了一点。

再前进了一点之后,一些黑影从夜色中隐约出现在我们面前。我把灯照了过去,发现一头母牛宽大的脸正对着我。这里没有栅栏,所以牛群就分散在马路对面。我们放慢脚步,踮起脚尖从它们中间走过。

之后,情况很快变得不妙了,我的两个脚踝都开始疼了起来。我吃了很多止痛药,但没有效果。我再也跑不动了,每一步都是折磨,即便是走路也是如此。此刻,我们已经将弗林特丘陵起伏的地形甩在了身后,走上了平直的道路。这条路通向比赛开始的小镇,道路两旁是看不到尽头的铁丝网,我再也看不到赛道的任何标记,没有粉笔记号,也没有丝带标记。爸爸也在找,但就是看不到。另外,我们已经有很长一段时间没有看到其他参赛者了,可能有几个小时了。我开始觉得我们拐错了弯,上了一条不知通向何方的路。每当看到远处的灯光,我都想着是来自城镇的,但当我们走近的时候,才发现那只不过是谷仓上的灯,挂在空荡荡的农场上。

"我想我撑不下去了,爸爸。"我呻吟着说,"我只想睡觉,我想我需要坐一会儿。"

随即我坐在了地上,也许是摔倒了。爸爸拉着我的胳膊,想扶我起来,但我感到精疲力竭。"继续吧。"我说。爸爸一直在拉着我,我抬头看着他。他看上去很想说点什么,但说不出来。

可他还是这么做了。他的声音像旧铰链一样嘎吱作响。"不!"他说。"不,不,不!"

他的声音令我震惊。没有什么比这更能打动我了。我挣扎着爬了起来,感到头晕目眩。"可以的,"我说,"让我试一试。"

夜晚似乎是最黑暗、最寒冷的,往前走就像是推开一堵厚厚的墙。

第十四章　草原上的跑步者

我急切地想找到赛道的标记，表明我们至少还在正确的道路上。我的灯变暗了，所以只有一片微弱的光影在我前面的砾石上舞动。这条路一直往前延伸，我的脚踝也痛得厉害。

我失去了所有的希望，正准备乞求爸爸停下来时，我们遇到了一个拐弯。路上有一个白色的箭头，清楚地标示着转弯处之后是一条柏油路。我简直不敢相信。

"就是这里，"我说，"我们唯一跑过的柏油路就是在比赛开始的时候。我们就要到了！"我抬起头，看见前面有几盏灯，还有更多的灯光沿着道路散射开来。我们就在小镇的边上。

几个小时以来，我第一次开始慢跑，完全忘记了脚踝的疼痛。"我们成功了，爸爸。"我说，"我本来要放弃的，但我们还是成功了。" 在遥远的地平线上，我可以看到第一缕微弱的晨光让东方的星星暗淡下来。

"来吧，爸爸，"我喊道，"来吧。"我觉得自己就像在飞翔，虽然我可能没有动一下。我看见前面的人聚集在路上，旁边有一个人在报我的比赛号码。

"看起来不错。"那个人在我身后喊道。然后人们开始伸手拦住我。几根绿色的荧光棒栓在一根柱子上，标志着比赛的终点。我成功了。

终点线

姐姐跑过来给了我一个大大的拥抱。当她松开的时候，我几乎摔倒在地，她不得不用臂膀托着我。"干得漂亮。"她说。

"你能相信吗？"我说，"这是多么美好的一个晚上！"

她摇了摇头。"在你这个年纪，很难说。"

"嗯，有老爸帮忙……" 我欲言又止。我把注意力集中在了姐姐身上，就像在很长一段时间的分离之后，我第一次见到她一样。她的发型和以前一样，只是头发变白了，她的嘴巴变宽了，开始下垂，她的皮肤满是皱纹和斑点。"这到底……"

我喘着气，转过身看着路面，爸爸站在那里，当我冲到终点线时，把他甩在了后面，但他还是来了，只是他与众不同。他的穿着不同，他的运动服不见了。他穿着我母亲在他第一次从医院回来时给他买的条纹睡衣。他的左手拿着一根拐杖。他那只毫无用处的右臂垂在身体一侧，一动就抽动。他那只麻木的手上的手指向右大腿张开。他用左腿小心地向前迈了一步，然后把右腿向前摆了摆。他右边的鞋上绑着一个支架，让他的脚能伸直，脚趾向上。他看着我微笑，虽然他的右半边脸下垂，只有嘴角上扬。

"抱歉，只有我一个人在这里，"姐姐说，"全家都回到汽车旅馆睡觉去了。孩子们当然想看爷爷比赛，但他们只坚持到午夜刚过一点。"

站在我们旁边的一位年轻女士无意中听到了，"爷爷？太棒了！我

城镇边一座废弃的谷仓。

第十四章　草原上的跑步者

敢打赌您是这里唯一的爷爷辈儿的。您究竟为什么要跑100英里呢？"

我又回头看了看路面，光线很快变亮了，道路的两边都是宽阔的田野，上面满是收割过的玉米茬。我可以一直看到我们最后一个转弯处的柏油路，路上空空荡荡，一个人也没有。

我弯下腰，双手放在膝盖上支撑着自己，眼泪夺眶而出。

姐姐拍了拍我的背。"我们回车上去吧。你得去汽车旅馆，然后睡上一觉。"她带我走的时候，我一直在哭。

"好吧，你这个大宝贝，"她说，"你跑完了比赛，还哭什么！"

第十五章　曾几何时

　　加利福尼亚西部各州100英里耐力赛（California's Western States 100-Mile Endurance Run）是长跑运动员的标志性比赛。它是美国100英里长跑赛的鼻祖，从莱克塔霍（Lake Tahoe）附近的斯阔谷（Squaw Valley）开始，经过内华达山脉的高海拔地区，从加利福尼亚州首府萨克拉门托的高速公路一直到奥本（Auburn）结束。

　　它是如此受欢迎，以至于很久以前，彩票系统会公平地随机分配370名左右起始名额给成千上万的报名参加比赛的人。2017年手里只有一张彩票的参赛者被选中的概率只有2.5%（往往，你申请的次数越多，没有得奖的次数越多，买的彩票就越多）。多年以前，一名选手能中彩票的概率大约是50%。另外，如果你连续两年没中，第三年申请时，你就会自动获得一个起点名额。一旦你到了那里，你就会想着尽可能让它成为一次美妙的经历。

　　大约在穿过西部各州的半路上，那些弄到号码布的幸运参赛者会穿过森林深处一个粗糙的老锻铁门。大门上是字母拼成的"戴德伍德公墓（Deadwood Cemetery）"。有一条很短的小径通向墓地，墓地就坐落在一个俯瞰着埃尔多拉多峡谷（El Dorado Canyon）的高崖上。你可能会认为，至少有一些选手对这个地区丰富多彩的淘金热的遗迹很感兴趣，会去看上一眼，但据我所知，没有人这样做。

　　试想一下，选手们路过戴德伍德公墓的门口时，他已经知道这里的一切，知道戴德伍德这座鬼城是如何形成的，它在淘金热的历史上扮演了怎样的角色，对于早期的探矿者知道"deadwood（戴德伍德）"究竟是什么意思，知道山姆·柯尔特（Sam Colt）曾经住在这里，知道埋葬在这里的艾伯特（Ebbert）家族成员的一些情况。选手们甚至可能知道德鲁西拉·巴尔纳（Drucilla Barner）是谁，以及她的基金会如何在保护和维持选手们脚下的赛道上发挥重要作用的。

埃尔多拉多峡谷（El Dorado Canyon）的景色。

有着丰富经验的选手在跑过墓地的门口时，难道不会和对这一地区一无所知的选手形成鲜明的对比吗？后者对这个地方不会产生任何联想，只是将它看作另一段必须忍受的赛程而已。现在想象一下，戴德伍德只是我们知识渊博的选手在比赛中欣赏到的众多景点中的一个，让其浮想联翩，为他那天的比赛经历提供了美妙的体验。

这是另外一种选手们可以在比赛中采用的思维方式，甚至周末在自己家跑步时也可以应用。**跑步的时候，让至少一部分大脑思考这个周边区域的过去或现在的情况**。一些比赛在很大程度上提供了这样的机会。在这样的前提下，想象一下一些主要城市的马拉松赛——纽约、波士顿、芝加哥、洛杉矶等。拿着赛程地图，花一个下午的时间，阅读上百个你将要经过的地点的丰富的故事和历史。然后在比赛当天，你将会有很多可能性，把注意力从严酷的比赛转移到你看到的地标上。

不太出名的地方似乎不太适合这种方法，但你会惊讶地发现，在互联网上做一点研究就能发现一个地方的宝藏。例如，我报名参加了在北卡罗来纳尤华瑞国家森林公园（Uwharrie National Forest）举行的越野跑。我从来没有听说过这个地方，也找不到听说过这个地方的人，即使过去在北卡罗来纳住过的人也不知道。我不知道"Uwharrie"怎么发音，也不知道这个词是什么意思。坦率地说，这里看起来不像一个很有希望了解的地方，但是经过一番研究之后，我意识到自己大错特错了。

原来，尤华瑞是众多美洲土著民的一个名字，这些土著民一万年前在该地区茂密的松树和硬木森林中安家。这块起伏的森林地表实际上是一座古老山脉的遗迹，它是北美最古老的山脉之一，其起源早在4亿年前，真是令人不可思议。附近的阿尔伯马尔镇（Albermarle）有很多更近的历史，包括《美国偶像》（American Idol）决赛选手凯丽·皮克勒（Kellie Pickler）的出生地。但最让我惊讶的是，对于大脚野人或大脚怪爱好者来说，尤华瑞国家森林几乎就是现场。有很多报告称，在该地区目击到的大脚野人比美国其他任何地区都要多。谁知道呢？只要说我在尤华瑞国家森林的奇妙旅程中充满了关于大脚野人和凯莉·皮克勒的想法就足够了。

故事书般的赛道

让我们回到西部各州100英里耐力赛上。这无疑是一个很好的例子，说明事先调查一个地区的历史可以为比赛期间的思想活动提供丰富的材料。从开始到结束，西部各州的历史像一本故事书一样为你展开。

美国西部各州以斯阔谷滑雪场为起点，这里是1960年冬奥会的举办地。那是第一次有全国电视转播的比赛，也是第一次使用电脑将结果制成表格。沃尔特·迪斯尼（Walt Disney）组织了开幕式和闭幕式的活动。斯阔谷从默默无闻成为世界上最著名的滑雪场之一。然而，就在奥运会举办的5年之前，这个地区还只有一个升降椅和两个绳索拖车。推广人亚历山大·库欣（Alexander Cushing）周游世界，向国际奥委会代表兜售年降雪量达405寸的加利福尼亚山谷的神秘面纱。可怜的奥地利人非常确信因斯布鲁克（Innsbruck）会获得1960年冬季奥运会的主办权，他们甚至开始为运动员们分配住宿区。圣莫里茨（St. Moritz）和加米施-帕滕科舍恩（Garmisch-Partenkirchen）也输给了库欣的敢作敢为的宣传。比赛的超级成功激发了全世界对冬季运动的兴趣，并且一直持续到了今天。

从谷底出发，参加西部各州耐力赛的选手们蜿蜒前行，到达埃米格兰特山口（Emigrant Pass）的顶端，背后是莱克塔霍，然后经过一座粗糙的花岗岩纪念碑。这座纪念碑是由塞拉山脉（Sierra）的探路者罗伯特·蒙哥马利·沃森（Robert Montgomery Watson）于1931年建造的。沃森煞费苦心地确定和标记了移民和矿工从卡森山谷（Carson Valley）

到奥本的旧路线，把内华达州的银矿矿脉和加利福尼亚州的金矿营地连接起来，从而使西部各州的小道恢复了生机。但是，那些穿着粗糙的靴子，骑着驮有重物的马匹和骡子的人，往往只是沿着内华达山脉深松林中存在了几个世纪的小径前进。

在他们到来之前，沃肖人（Washoe）、派尤特人（Paiute）和麦都人（Maidu）这些美洲原住民已经在这里生活了一千多年。这些原住民开辟了清晰的路线，从他们越冬的山谷和丘陵地带一直延伸到在夏季享受清凉的湖泊和高山草甸。这些山区为他们提供了优越的生存条件。这些原住民靠采集橡子和松子作为主要食物，并从河流和小溪中捕捞鳟鱼。他们的房屋简单地用柳枝搭就而成，顶部铺着草、薄纱和雪松皮。他们制作的精美的篮子，世界各地的人都有收藏。

当外来者第一次入侵加利福尼亚时，连接西部各州的小径地区和那里生活的美国原住民都没有受到干扰。西班牙探险家们的大部分时间都在海边，在他们看来，加利福尼亚是跨太平洋航行到远东的起点。贸易货物，尤其是牛皮，是由位于内陆的牧场提供的。西班牙人对加利福尼亚山谷那边的地区不感兴趣，因为他们并不知道那里蕴藏着丰富的矿产资源。当定居者开始乘坐马车向西迁移时，内华达山脉是他们试图通过向北或向南迁移来避开的一道屏障。正如唐纳探险队（Donner Party）所证明的那样，早期直接翻越山脉的尝试最终都以失败而告终。但是，1848年1月24日之后，情况突然发生了变化。当时，正忙着为约翰·萨特尔（John Sutter）建造锯木厂的詹姆斯·W.马歇尔（James W. Marshall）发现了一些闪闪发光的金属。于是，加利福尼亚的淘金热正式上演了。

从埃米格兰特山口出发，连接西部各州的小道穿过格兰尼特大荒野（Granite Chief Wilderness），该荒野是以一个突出的岩层命名的。这条路大部分沿着1855年建成的普莱塞县埃米格兰特路（Placer County

第十五章 曾几何时

参加西部各州耐力赛的选手在比赛之初就要穿越高原。

Emigrant Road），一直到达罗宾逊弗拉特（Robinson Flat），即美国原住民聚会的地方，现在称为"塞拉十字"（Crossroads of the Sierra）。有好多条小道交汇在这里。然后，这条小路向西延伸，经过巴尼·卡瓦诺山脊（Barney Cavanaugh Ridge），它是以负责克朗代克（Klondike）金矿大淘金的矿工命名的。参赛者从那里进入淘金热地区的心脏地带，穿行于一系列的峡谷之中。今天很难体会到深谷（Deep Canyon）、戴德伍德峡谷（Deadwood Canyon）、埃尔多拉多峡谷和沃尔卡诺峡谷（Volcano Canyon）壮美的孤独与静寂，也很难体会到这一地区矿工淘金热时的景象。想当年，水流顺着木槽哗哗地流淌，叮叮当当修建棚户屋的声音，骡马的嘈杂声，矿工在烈日下干活时的咒骂声，会在峡谷岩壁上回荡数英里。

在第一次金矿大发现后，大量矿工涌进了山区，旧金山几乎没有男人了。在当时的蒙特雷（Monterey），据说沃尔特·科尔顿（Walter Colton）州长只剩下"一群妇女、一群囚犯和零零星星的士兵"来管理

早期的西班牙人一直待在沿海地区，他们不知道隐藏在加利福尼亚山谷后面蕴藏着丰富的矿产资源。

了。在第一次大发现的一年之内，来自夏威夷、澳大利亚、智利和美国东海岸的探矿者陆续来到了这里。

金矿诸镇

西部各州耐力赛赛道的主要检查站包括传说中的一些金矿小镇。鬼城拉斯特钱斯（Last Chance）因一群补给不足的探矿者将一把好步枪和仅存的一颗子弹交给其中的一个人让其出去求助而闻名。"这是我们最后一次赚钱的机会。"他可能这样说。当他带着一大笔钱回来时，探矿者们才得以留下来，并开始了他们的淘金者之旅。接下来是大自然的杰作"魔鬼的拇指（Devil's Thumb）"，这是一块50英尺高的火山岩，因矿工们经常在地狱般的环境中劳作而得名。除此之外，还有戴德伍德镇，这是另一个在19世纪50年代焕发生机的小镇，但很快就被废弃了，

第十五章　曾几何时

只有一口老井和一小块墓地作为它的通行标志。据说它的名字的来源是，一群兴奋的矿工，吹嘘他们有发财的"朽木（deadwood）"，意味着这是确定无疑的事情。

密歇根州的布拉夫镇（Bluff）尽管遇到过危机，但一直存续到了现在。主街道上有一处风景如画但乱成一团的房子和另一个淘金热时期的墓地。由于过度狂热的矿工挖空了下面的土壤，原来的小镇从山上滑落了下来，所以它不得不被迁移到现在的位置。斯坦福大学的利兰·斯坦福（Leland Stanford）因在镇上经营着一家杂货店而闻名，据说他晚上睡在柜台上，或许是为了照看自己的商品。一位名叫邓肯·弗格森（Duncan Ferguson）的苏格兰人经营着从拉斯特钱斯到密歇根布拉夫的小道，这是美国少有的收费小道之一。所收费用被用来维持这条路的通行，尽管偶尔发生的事故导致人或牲畜在陡峭的峡谷中几乎必死无疑。

密歇根布拉夫之后，这条小道穿过沃尔卡诺峡谷，到达另一个淘金热时期的小镇福里斯特希尔（Foresthill）。在那里，过于乐观的矿工们

拉斯特钱斯的矿井今天依然活跃。

铺设了一条与旧金山市场大道一样宽的主街道，期待着一个由黄金驱动而发展起来的大都市。价值千万美元的黄金被运出了"快递部门步枪射程"，但摩天大楼从未出现。当地有一个名为"海盗栖息地"的海角，放哨人员可以发出黄金运输情况的信号，这表明一些黄金可能在前往奥本的途中被转移了。

无手桥（No Hands Bridge）

从福里斯特希尔开始，这条小径便偏离了它传统的路线，穿过了现在发展得很好的托德斯山谷（Todds），进入了由美利坚河的支流中福克河（the Middle Fork）形成的峡谷。经过几个废弃的矿场，这条小路沿着一条水沟向前，这是20世纪20年代将水引入涡轮机为该地区供电的证据。然后，在拉吉恰吉（Rucky Chucky）过河，顺着壮观的激流而下，在到达奥本之前，在采石场的水泥桥再次跨过河流。这座桥因为曾经没有扶手而被称为"无手桥"。今天，这座桥主要为徒步旅行者、自行车手和参加西部各州100英赛里耐力赛的选手服务，但在1912年建成时，它是世界上最长的混凝土拱桥，它被认为是一个奇迹。

在跨过无手桥之后，这条小径迅速从峡谷中攀升到洛比角（Robie Point）。洛比角是以温德尔·洛比（Wendell T. Robie）的名字命名的。洛比在1955年创立了特维斯杯（Tevis Cup），即西部各州越野单车赛（Western States Trail Ride），其赛程基本上与100英里耐力赛相同。事实上，这一赛事起源于于特维斯杯的常客戈登·安斯利（Gordon Ainsleigh），他在1974年放弃了骑车，徒步完成了比赛。

在洛比角之后，赛道沿着奥本的街道一直延伸到普莱塞中学的体育场。奥本原名伍兹干矿区（Woods Dry Diggings）和北福克干矿区（North Fork Dry Diggings），是普莱塞县淘金热时期最大、最成功的

第十五章 曾几何时

如果你在冰河时代的道路上看到这个标志，难道不想知道"斯卡帕农（Scuppernong）"这个名字的由来吗？

城镇。这里有一座纪念法国移民克劳德·查纳（Claude Chana）的巨型雕像。查纳于1848年在奥本峡谷（Auburn Ravine）首次发现了黄金。随处可见的"普莱塞"一词来源于一个美洲西班牙语单词，指的是贵金属聚集的砂矿或砂砾。学校、古老的移民道路、县城、各种企业和附近的城镇都恰如其分地使用了"普莱塞"这个名字，以此来纪念那些在砂浆中筛来筛去、寻找能够改变一个国家的黄金的矿工们。

在西部各州耐力赛中，选手们有一个选择。他们可以迈着沉重的步伐前行，而不去注意身边所有的地标、传说以及那些在他们之前走过这条路的人们的鬼魂。当然他们也可以惊叹于自己对悠久历史的非凡体验，或许还能捕捉到瓦肖印第安人（Washoe Native Americans）、刚强的探矿者，或者像库欣、沃森和洛比这样具有现代开拓者精神的人那样，欣赏该地区的特殊价值，并努力保护和分享它。

但是，不要认为西部各州耐力赛的赛道在讲述故事方面是独一无二的。如果你花足够的时间钻研一个地方的过去，了解住在那里的人，任何地方都会像一本故事书一样为你展开。对你平时跑步和训练的地方做一些调查，你可能会对你的发现感到非常惊讶。你甚至可以为你通常的跑步路线中注入一点魔力。

第十六章　24小时心态调整

几年前,我的腹股沟肌肉拉伤很严重,以至于有一段时间我完全不能跑步了。和大多数被迫放弃跑步的人一样,我认为这是世界末日。我努力想早日复出,结果却是一遍又一遍地伤害了自己。最后我醒悟过来,意识到我必须放慢节奏。同时,我还需要用其他形式的锻炼活动来起到替代作用,否则就会发疯。

我家后院有个小游泳池,所以我就在里面练游泳。与此同时,我的一个朋友说服我买了一辆山地车,于是我在附近公园的小路上努力学习骑山地车。那个时候,只要我不跑得太快,保持小步幅前进,就可以跑完5英里的距离。你能猜到后面会发生什么吗?

三项全能运动的精彩挑战吸引了我,这看起来很合适我。要同时进行三项运动的艰巨训练,我的身心会被完全占据,这样一来,我将没有时间去反思我停滞不前的跑步生涯。我还会得到足够的锻炼,并且还能保持身材。另外,这种锻炼比我从跑步中得到的更加全面。离我住的地方大约一小时路程的圣何塞(San Jose)甚至还举办了一场小型铁人三项赛,让我有机会尝试一下我的新技能。跑步部分刚好是5英里,自行车部分是在10英里的山地自行车道上。对我来说,这简直太完美了。

参加比赛的第一年,我根本不会游泳,最后几乎被淹死在水里。当时还在学习骑山地车,所以感觉很糟糕。我在赛场上取得了一点进步,但当我经过一个沙质弯道,几乎摔倒时,也差点把一名比赛官员撞飞。

我终于完成了自行车赛段，冲出了过渡区，虽然腹股沟有伤，但我还是松了一口气。

5英里赛沿着一个圆形的湖边进行，所以基本上掠过水面就可以看到所有在你前面的选手。我立刻追上了第一个跑在我前面的人，然后是下一个，再下一个。令我惊诧的是，尽管腹股沟在拉着我，但我还是能够克服它。我飞速超过了左右两边的选手，感觉自己就像是超人。

我加速前进，甩了这个选手，然后又甩了那个，我突然间明白了为什么我的表现出奇的好。我首先是个跑步运动员，这是我的专长。相比之下，铁人三项运动员的跑步水平是很糟糕的。我冲过了终点线，在跑步的过程中，我超过了一半的竞争对手。做完放松活动之后，我去核对结果，当然我在整个比赛中落后了很多，但在我的年龄组中没有做得太糟。这让我想到，鉴于我卓越的跑步技能，如果我能让我的游泳和自行车技能达到中等水平，我就能在我的年龄组获得名次，甚至可能赢得比赛。

一年之后，我又参加了同类比赛。游泳训练在过去的一年里进展一般，我游得不好，所以我不太在乎游泳，在游泳的训练上也做得不多。山地车的情况则不一样，我骑车的水平比以前好多了，我觉得我在山地自行车上可以和任何一个参加铁人三项的选手抗衡。当然，我对自己的跑步非常有信心。我并没有回到100%的状态，但是我也没有像前一年那样因为腹股沟的问题而保守地去跑。

比赛开始了，我奋力游出水面，以战胜大概2/3的选手的成绩冲到了岸上，比一年前好多了。我顺利地完成了两个项目间的过渡，然后骑着山地车，飞奔过第一个弯道。我操纵着自行车，寻找着我前面的选手，一点点地赶了上来。

安全地回到过渡区之后，我没有把自行车上的东西弄掉，就立即脱下骑自行车的鞋子，迅速穿上跑鞋。我喝了一大口水，然后就跑开了。

第十六章 24小时心态调整

和前一年一样，在我前面有一长排运动员正绕湖跑着。"我来了。"我对自己说，然后低下头，冲了过去。

结果……什么都没有发生。我慢慢赶上了第一个跑在我前面的人，但当我接近他时，他开始跟上我的步伐。与此同时，我们在追赶前面的几名选手上毫无进展。他们的速度和我一样。在他们前面的选手也是如此。跑到一半时，我超过了一两个选手，但其中一个又超过了我。

在到达终点线之前，我对自己"高超"的跑步技能有了新的认识。铁人三项运动员根本不像我想的那样是蹩脚的运动员。前一年的情况是，由于我在游泳和自行车比赛中表现过于糟糕，我在铁人三项比赛中最不具竞争力的选手间开始了跑步环节。他们在跑步环节和在游泳和自行车赛段一样，相对较弱。当我在第二年遇到那些更优秀的铁人三项运动员时，我发现他们的跑步技巧和我一样，甚至更好。我最终提高了自己在整个比赛中的排名，在我的年龄组中也提高了，但并不显著。我一直就没有赢的希望。结果，成为全国杰出的年龄组铁人三项冠军的梦想

山地自行车运动帮助我在跑步受伤的恢复过程中保持身材。

161

破灭了。

然而，参加铁人三项确实成功地把我的注意力从跑步的烦恼中转移开了。这也让我从压力中解脱出来，得到了休息。我一直在给自己施加压力，让自己尽我所能地去跑，在所有的比赛中努力刷新自己的个人纪录，我当时一直没有放弃这么做。我很好奇自己在铁人三项比赛中会表现如何，但我并没有那么走运。

在铁人三项运动的世界受挫之后，我把注意力转移到了山地自行车运动上，在那里我真正获得了一些见解。如何沉浸在另一项运动中，并对它有一个完全不同的心态是一件有用的事情。因为受伤的原因，我转到了这个方向。如果在跑步中感到精疲力竭，或者跑步效果僵滞不前，你可以花更多的时间进行交叉训练活动。从跑步中走出来休息一下，可以让你对跑步的意义有一个全新的认识。你甚至可以带着全新的激情回到跑步当中。

在山地自行车运动的世界里，我所感受到的人、气氛、人际关系和担忧都与我作为跑步者的经历大相径庭。这对我的跑步事业来说是一个彻底的休息，但同时也让我进步明显，身体健康。我喜欢山地自行车运动的乐趣，但与此同时，一旦我的伤好了，我就会恢复跑步，也许还会带着一些我在"泥人队（Team Mudmen）"学到的调整心态的方法。

24小时心态调整

这是我们队第三年一起参加24小时山地自行车比赛，麻烦也即将而至。泥人队养成了一种对比赛结果漠不关心的态度。我们去那里只是为了好玩、露营和熬夜。哦，当然，也要骑山地车，但我们在想着毫不相干的事情。可现在我们遇到了一个问题，斯内克（Snake）是我们的队友之一，他很关心我们在比赛中的表现。

第十六章　24小时心态调整

斯内克核对比赛次序，然后热身。完成自己的赛段之后，他已经精疲力竭。但他很快开始调整自行车车胎里的空气。随后他又在核对我们分别在哪个帐篷。我想对他说点什么，但被其他人喊住了。"我们是泥人队。"他们告诉我，"我们什么都别说！"所以我忍着，保持沉默。

我所能做的就是用骑车来解决这个问题。我进入了10英里的环道，开始自作自受。在骑行的间隙，我闷闷不乐地坐在露营地，吃着野餐桌上成堆的垃圾食品。

但是，斯内克已经从赛道返回了。"一个家伙撞了我的脸！另一个家伙不给我让道，还有个家伙用胳膊肘揉我！""这些家伙"是谁？我有些不解。大多数选手所在的队伍和我们的一样，享受比赛，从骑行中获得乐趣。可怜的独行侠大多很安静，太专注于自己的痛苦而不愿打扰我们。当然会有一些激烈的竞争，但是在赛道上，人们非常有礼貌，尤其是这里的专业人士，当然他们大都是危险的对手。

那天晚上，我钻进睡袋，身子都无法伸展。我真的很想斥责斯内克。我可以想象自己在责骂他："我们只是来玩的！我们和这里的其他人一样水平都很糟糕！现在你想要竞争！竞争？！这个词在我们的字典里根本不存在！"

拉古纳塞卡（Laguna Seca）附近的一段山地自行车赛道。

在轮到我的时候，我已经睡熟了，紧紧地依偎在睡袋里，估计连洞穴探险者都找不到我。

"该你了，锤王（Hammer King）。"有人在外面冰冷的世界里说。

"让别人去吧。"我透过睡袋说。

"轮到你了，锤王。起床了。"

"我年龄太大了。"

"我们年龄都大了。"

"我没有衣服穿。"

"简直是笑话。"

好吧，简直是笑话。由于我没有掌握骑自行车的所有技能，而且我也缺乏训练、速度和勇气，我几乎只能依靠我的着装来得分。我站起来，拿出两捆精心包装的衣服。嗯……我应该穿那件有大法老头像的衣服还是那件有大毛狼蛛的衣服？很难决定，但最终还是选择了有蜘蛛图案的。

和我同一个帐篷的布莱德（Blade）正躺在那里，打着呼噜。布莱德是我们的前期情报员。至少我们认为他是我们的前期情报员，直到后来他在伊拉克战争中不见了踪影。现在我们认为他可能是我们的现役情报员。布莱德对比赛很冷淡。在我们家门前训练时，他总是最急不可耐地出发的人。他在街上忽上忽下地骑着车子，还撞在了我家的砖墙上。我会坐在自行车上试着调整头盔带，或者会因为一只手套有一个手指朝外而被冻得停下来，而他只会大发脾气。

"别着急，"我告诉他。"把你的烂东西收拾一下。"他善意地建议我。我穿上蜘蛛服，从帐篷里出来，全身显得很华丽。篝火旁边，斯拉格（Slug）正在火焰山烤着一根炭化热狗。"现在是凌晨两点钟。"我说。斯拉格抬头看着我。"我饿了。"斯拉格是我们的"第四号击球员（clean-up hitter）"。也就是说，他最后出场是因为他不是特别快，他

第十六章　24小时心态调整

的训练主要是坐在沙发上吃薯片。他不骑罗拉代克斯（Rolodex）牌的自行车，我们认为有他自己的理由。因此，在我们叫他的时候，他就下一个上场。

斯韦德（Sweden）是我们团队的心脏和灵魂，他自愿带我去过渡区。他整晚都在摆弄我们的自行车（对我来说，这是件好事，因为我几乎没法换车胎）。斯韦德碰巧来自瑞典，他骑车比我们任何人都强，但你从来没听他说过这件事。他没有看每一圈的时间，也没有大惊小怪别人的速度有多快或有多慢。他本可以加入一个更好的队伍，但他似乎对我们很满意。"我们只是玩得很开心而已，对吧？"他总是这么说。我一直跟他讲斯内克的事，但他就是不让我讲。"好冷哦。"他说。

"你的意思是，'天很冷'，对吧？"

"是的，天好冷。"

我戴上头盔和手套。我上次骑自行车时戴的手套还是湿的。我们转身去了给我的灯正在充电的桌子旁。要到达那里，我们必须穿过将露营区一分为二的赛道。骑自行车的选手不时闪过，车灯闪烁，他们多节的轮胎在柏油路上撕扯着，听起来像宇宙飞船重返大气层一样。

斯韦德为我接亮了灯。我步行到过渡区。巨大的屏幕上正在播放着《星球大战》（Star Wars），一排闪动的音箱里传来各种声音。一些人躺在草地上观看，但大多数人的注意力都集中在过渡帐篷的拥挤问题上。计时员在一张大纸上做着记号，骑手们从自行车上跳下来，跑进帐篷，就像宣布世界末日一样，"28分钟！28分钟！"其中一名计时员漫不经心地点了点头。

我忙着喝杯运动饮料，试图保持镇静，但所有等着出发的紧张不安的骑手让我兴奋了起来。我决定是时候背诵泥人队的信条了，这是我自己写的：

我们是泥人队，强大的泥人队，

喝下能量凝胶，

骑着价格不菲的自行车，在夜里穿行。

我们全心投入，永不言败。

泥土和鲜血将我们连在一起，

我们碾压崎岖的赛道。

面对灰尘和积垢，

我们全心投入，永不言败。

"你最好不要说这些。"斯韦德对我说。他环顾四周，看是否有人在听。

突然，斯内克跑到了赛道的最后一个角落。他从自行车上下来，把车子甩来甩去，然后拼命地推着前面的骑手，让他进到帐篷里去。一名志愿者必须在斯内克得到一半计时员的许可之前，挡住他的路线，让他

狗狗们正急切地等待着泥人队比赛结果的消息。

第十六章　24小时心态调整

下车。就连斯韦德也对这种明目张胆的大男子主义表现感到不安。

斯内克从他的自行车短裤裤脚下抽出了我们的接力棒，轻蔑地把它扔给我。"我本可以打败那个家伙。"他咆哮道。

我快步走向自行车停放架前。我无法从一大堆一模一样的自行车中挑出我的自行车，只好在那里绕圈子。因为我浪费了时间，我感到斯内克的眼睛都快钻到我的背里了。我终于找到了自行车，把接力棒放在我的座位包里，打开所有的灯，匆匆离开了过渡区。

在这个比赛场地，在距离起点只有50码的时候，你必须下车，把它从人行桥上推过去。在返程时，从这座桥的台阶上骑下来是一种勇气的考验。第一次尝试时，我把自行车的把手撞到了桥的扶手上，结果在台阶底部发生了与其他车子的严重碰撞。这是相当令人沮丧的。后来，有一个善良人告诉我，骑在坚硬的台阶上时，可以将轮缘弯曲一下。现在，我骑着自行车下了台阶，冷静地告诉大家："哦，是的，伙计。你知道你可以在这些台阶上让轮缘弯着下来。"

起点和终点区域位于一个碗状的地方，所以在过了桥之后，就必须爬到赛道的其他部分。我从自行车上下来，沿着崎岖不平小路艰难地前行。没过多久，我就在布满繁星的天空之下，骑车穿过点缀着橡树的草地。我不再去想斯内克，而是随性往前骑着车子，享受着夜晚凉爽的空气，看着小路在我的灯光下飞驰而过。我惊叹于那种半夜里全速骑山地车的奇怪感觉。

但我还是遇到了一点儿麻烦。我绕过一个又一个急转弯，向一张桌子骑去，那里的志愿者们正在核对号码，并指挥选手进入下一个赛程。"313号。"我喊道，因为我在转弯时失去了牵引力。我骑着车子直接滑到桌子跟前，志愿者四散而逃。

在回来的路上，我要经过一段臭名昭著的两英里长的叫做"磨房"的赛道，我发现我正在追上我前面的骑手。他座位后面的号码表明他是个单独的骑手。他从自行车上下来时的身体语言正在表达着痛苦和疲惫不堪的感受。然而，在我接近他之前，另一个骑手从我身边疾驰而过，停在这位独行侠的旁边。他们交谈了1分钟，然后我看到速度较快的那位选手伸出手来，放在独自骑行者的后背上。他在帮那家伙，推着他上山。

最后，我回到了过渡帐篷，我只是少了一点血。对我来说，没有让我机械地打嗝的赛道就是好赛道。我费了些功夫才找到我座位包里的接力棒。它被夹在了旧的能量棒和破碎的轮胎管盒之间。斯拉格在等着我，准备出发。他已经……什么……因为推着自行车到了这儿就已经累得脸红了？我把接力棒交给他，他笨拙地向自行车架走去。

结束了夜晚的赛程之后的瞬间是神奇的。我轻松地穿过一个安静的营地。几个帐篷里传出低沉的声音。篝火在噼啪作响。在我头顶的山坡上，灯光不时出现，弯弯曲曲地从山上下来。

我骑车进了营地。停车的时候，刹车片发出了尖锐的叫声。我钻进了帐篷。"我们热爱这个夜晚，伙计！"我喊道。

"滚出去，你这个白痴。这不是你的帐篷！"

我接着去找自己的帐篷。"我们热爱这个夜晚，伙计！"我喊着。

"还没有轮到我呢，你这个白痴。去找斯韦德。"

斯韦德与斯内克正一起蜷缩在篝火的余烬旁。看起来他们是心连心的。"最后一圈怎么样？"斯韦德问道。

"干净利落。"我用我最好的山地车简略术语说。

"我正在告诉斯内克，"斯韦德抬头看着我，神秘地向我眨了眨眼睛，"我是怎么想的。明年他可以独自去比赛，而不是加入一个表现差的团队。"

"哦，是的，"我说，立刻明白了，"那些单独骑车的家伙看起来很开心。"

"那泥人队呢？"斯内克问道。

第十六章　24小时心态调整

我的猫邦克斯（Bonkers）似乎不太关注泥人队的表现。

"别担心，泥人队没问题，它很酷，"斯韦德说，"我们可以给你找一个潜水艇。"

"就是替补。"我说。

斯内克用脚踢着篝火的边缘。"是啊，也许明年我会独自参赛。"他最后说道。很快，我心情愉快地钻进了睡袋。看来，在冷漠的山地自行车队的万神殿中，泥人队将恢复其应有的地位，我们将骑着车子，不在乎每段赛程的时间，忘记负责记录结果的帐篷里那些人的专制行为。我们可能永远不会在赛场上占据一席之地，但我们会尽情享受，开心地享用美食。噢，是的，在月光下骑着我们价值不菲的自行车。

后记　跑步也是项放松运动

让我们回顾一下。跑步是一项非常酷的运动，它是非常有益的，能建立你的自尊，让你保持健康，帮助你了解你是谁，你在生活中要去哪里。然而，这些奖励并不是自然而然就降临到你的头上的。跑步是很辛苦的，尤其是当你在逼迫自己达到具有挑战性的目标的时候。

当情况变得艰难的时候，你很快就会意识到，你的心理态度和精神资源将会是你作为一个跑步者成功的关键，通过跑步体验到的个人成长会反应在你的头脑当中。事实上，跑步的精神层面本身就很吸引人，它会引导你认识自己，知道自己能做什么。你需要培养的两种重要的精神资源是耐心和决心。这两种品质能让你保持积极的思维状态，并克服那些看似无法克服的挑战。

正是克服艰难的挑战和实现崇高的目标，才让你从跑步中获得极大的自我满足。当你振作起来，重新开始，实现之前让你沮丧的目标时，会给你带来更大的回报。

跑步的时候做正念练习，可以帮助你更好地沉浸到你的跑步体验中，并让你更加欣赏它。它还将为你提供一些非常有效的疼痛管理技能。除了正念练习，正念奔跑还包括意识到不同的精神模式或精神状态，它们会在你奔跑时构建或影响你的思维。你可以反复练习末世四骑士技能：正念、箴言、音乐和斗志。你可以微笑，或者一路讲笑话，直到终点。你可以像一本展开的故事书一样体验你的整个比赛路线。你可以做你的小狗。疲惫会使你产生幻觉和奇异的幻想。你可以保持积极的态度，避开消极意识，严谨地活在当下。

我希望你在读完这本书之后，你能把跑步看作是一场巨大的心理游戏，一个迷人的、值得探索的游戏，并把跑步的整个经历看作不仅是一次外部世界之旅，而且也是一次穿越自己的心灵世界之旅。

因此，做一名正念奔跑者，找到你内心的焦点。你会从中发现什么？你会了解一个怎样的自己？

你已经开始发现内心的焦点……

写在后面的话

如果你觉得这本书有趣,并且对你有用,一定要读一读我的另一本关于跑步的书——《跑步之道:通往正念和激情的跑步之旅》。它会让你完全找到内心的焦点。把这两本书推荐给你跑步的朋友。别犹豫,去亚马逊网站浏览一下。欢迎大家的反馈意见。

路上见!

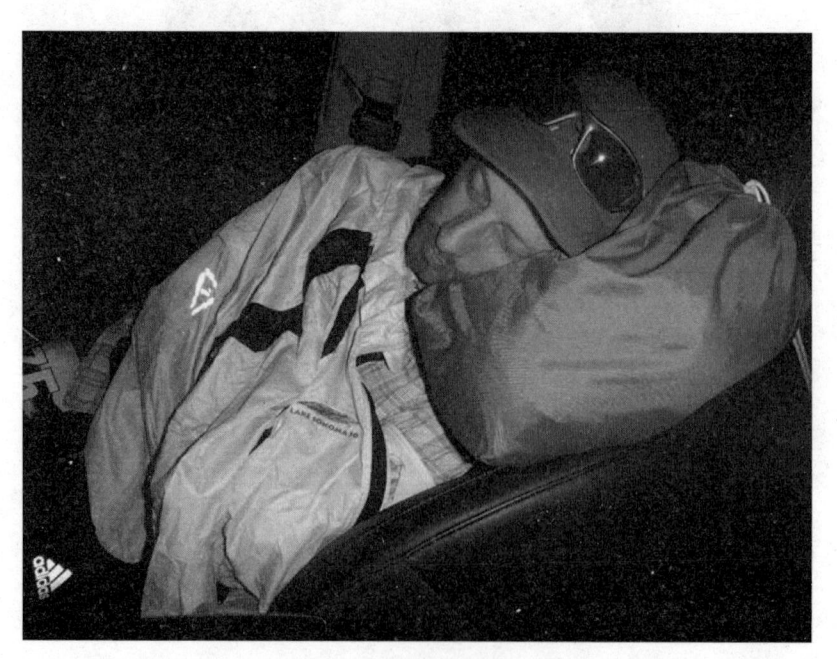

……接下来你就可以放松了。